お味噌知る。

味噌湯料理手帖

土井善晴
土井光
著

認識味噌

土井善晴

從隔著大海的那片大陸傳來的稻作與講求效率的思考，
和東亞孤島上由豐饒自然為背景
所孕育出的敬畏並尊重自然、
與自然和諧共處、有秩序的清潔生活，
這兩者毫不衝突地融合，味噌就此誕生。

味噌是有生命的東西。
由肉眼不可見，能夠分解穀物的活菌製造。
就各種意義來說，
變得好吃，就是發酵，
相反地，變得難吃，就是腐壞。

菌的種類有很多，彼此互有關聯，
直到現在，人類尚未搞懂的菌比已經搞懂的還要多。
自然界裡有無限多種菌，
有能派上用場、帶來好處的菌，也有許多帶有毒素的菌。

擁有豐富感官經驗的前人，
從炊好米飯中長出的菌裡找出不帶毒素的「麴菌」。
在日本，超過千年前的平安時代末期，
已經有專門製造、販售麴菌的「種麴屋」。
據說麴菌（米麴菌 Aspergillus oryzae），
是東方獨有的菌，又稱為「日本國菌」。
不只味噌，還有酒、醬油、醋與味醂等日本的調味料，
都由麴菌製造而成。

味噌湯是我們強大的後盾

土井光

不知道該煮什麼好的人，
不知道怎麼做才能重新檢視自己飲食生活的人，
要不要先試著煮一碗味噌湯？

我在一個人生活之前，從來不曾注意過味噌湯。

十幾歲的時候，只會為配菜或主菜而興奮，還沒有「身體暖和了就感到放鬆」的觀念。可是，邁入二十多歲後，認識了各式各樣的思考模式和不同年齡的人，外食機會增加了，開始感受到壓力了，也會攝取講究色香味與刺激性的飲食了。我想，自己是從這時候才開始注意到味噌湯的。同時，也才能懂得味噌湯有多萬能。

在還有體力專注工作的年輕時代，維持健康是非常重要的事。和大家一起吃高熱量或具有刺激性的食物當然是最美味也最開心的事。但是，只要學習味噌湯的作法、認識味噌湯的美味，懂得味噌湯帶來的身心舒暢，就算不用每天喝，生活中的飲食品質一定也會產生某些轉變。

photo：Miwa Kumon

目次

第三章、配菜的味噌湯

第四章、四季的味噌湯

第五章、味噌料理、特別的味噌湯

・第一章至第四章介紹的味噌湯作法，以烹飪步驟爲中心，用條列方式整理出重點。除了部分食材，刻意不寫出固定使用的分量。這是因爲製作味噌湯時，沒有人會去秤量味噌，無論口味偏濃或偏淡，只要自己覺得美味就行。

・味噌湯的基礎作法、用料和挑選味噌的方法，統整在P10～P31。

・本書中提到的一杯相當於200ml，一大匙相當於15ml，一小匙相當於5ml。

基本款味噌湯

如何製作能一餐吃完的一人份味噌湯

① 將一碗湯料和一碗水

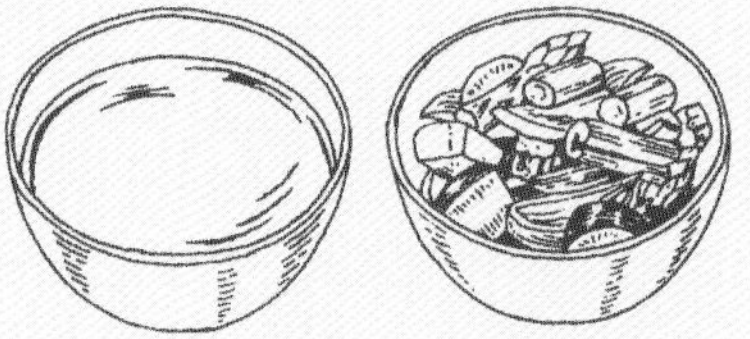

② 放入小鍋中，用中火煮開

③ 溶入味噌後

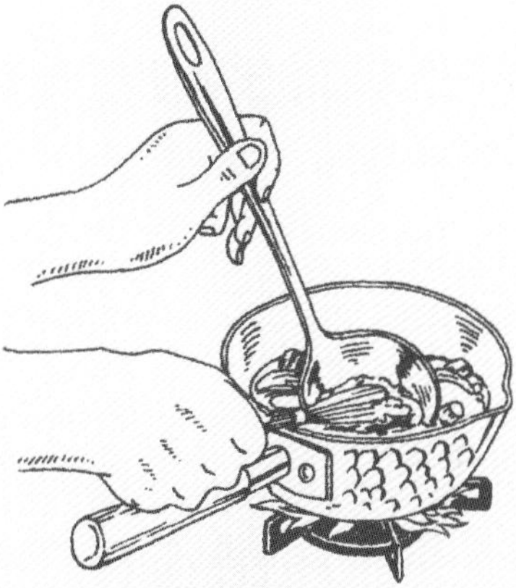

④ 味噌湯，完成

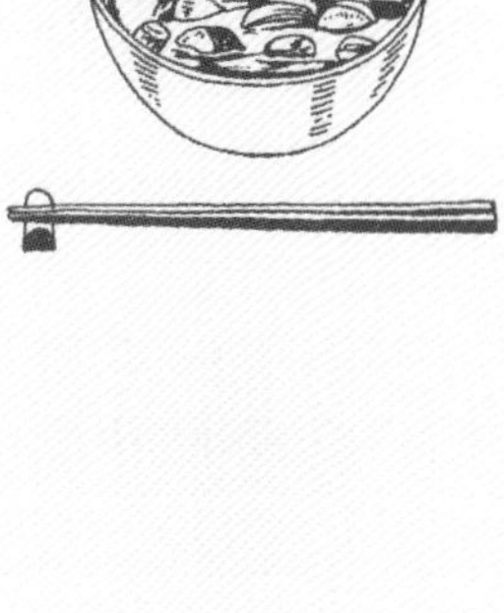

一餐就能吃完的一人份味噌湯，這樣就完成了。拿自己平常使用的湯碗來衡量放多少食材，將湯料切成方便煮熟的大小，可以用菜刀切也可以用手撕。再將一碗份的湯料放進小鍋，倒入一碗的水。爐子開中火，不開大火，藉此慢慢花時間熬煮。這麼一來，煮開的時候湯料也都熟了。熄火，保持平靜的心情，將適量味噌溶入湯裡。試試味道，如果覺得還不夠，就再加入新的味噌。要放一點醬油也可以。無論口味重也好，口味清淡也好，熱湯也好，冷湯也好，只要是味噌湯都很美味。把一切交給味噌就行了。

如何製作味噌湯（應用篇）

基本款味噌湯
- ①油炒味噌湯：湯料先用油炒過
- ②清爽味噌湯：在「基底味噌湯」中，加入用另一個鍋子煮熟的湯料

味噌湯的作法，從前面介紹的「基本款味噌湯」為出發點，可進一步發展出兩種作法。一種是先用油炒過湯料的味噌湯，另一種是用別的鍋子煮熟湯料後，加入純味噌湯（基底味噌湯）的作法。

【基本款味噌湯】

在水裡放入湯料後加熱，等湯料都熟了，再將味噌溶入湯中即告完成。作為湯料的所有食材滋味匯聚一堂，創造出另一種美味。

〔水＋湯料＋加熱＋味噌〕

【① 油炒味噌湯】

先用油將湯料炒過，可引出食材的鮮甜味，再加入水後熬煮，最後溶入味噌。油的醇厚（鮮味）使整碗湯滋味更有深度，也能做出具有飽足感的味噌湯。

〔油炒湯料＋加水＋熬煮＋味噌〕

【② 清爽味噌湯】

煮好的基底味噌湯（水＋小魚乾或昆布＋熬煮＋味噌）先用碗裝起來，再把用另一個鍋子煮熟的湯料加進去。味噌湯和另起一鍋烹調的食材，融合成一碗新的味噌湯。

〔基底味噌湯＋另起一鍋烹調的湯料〕（請參考 P17）

可因應生活中不同情境與手邊現有的食材，分別應用這三種作法。

如何掌握味噌的分量

【大碗一碗份的味噌湯】

假設開始煮的水量為一杯半的水，則米味噌、豆味噌約抓18～20g左右，白味噌則要抓到30g左右。

【小碗一碗份的味噌湯】

假設開始煮的水量為一杯水，則米味噌、豆味噌約抓13g左右，白味噌則以20g左右為適量。

不過，實際上將味噌溶入水中時，很少人會這麼仔細計算味噌的重量。大多數人有生以來第一次煮味噌湯時，已用目測的方式記住「大概要用這麼多味噌」。實際煮的時候，觀察湯汁的顏色，試味道確認濃淡，抓出大概需要的用量。剩下的就是煮習慣後，漸漸就能抓到自己想要的口味了。

請將這裡提供的味噌分量，用來當作煮五十人份或一百人份味噌湯時的參考。

味噌要不要先過濾

味噌裡能帶來美味與健康的胺基酸，來自製造味噌的米或大豆等食材，在微生物的作用下分解、發酵而成。所以，好的味噌可說是釀造過程中經過長時間熟成，微生物得以充分發揮作用的味噌。有些味噌裡還殘留未完全分解的米或大豆，使用前就必須先過濾。因此，如果是經過長時間熟成，食材完全分解的好味噌，當然就不需要過濾了。與味噌優良與否無關，為了替使用者省下過濾步驟，販賣前事先過濾過的味噌，就稱為「濾味噌」。相對的，未經過濾的味噌則稱為「粒味噌（粗味噌）」。

當湯料都煮熟時，就是將味噌溶入湯中的時機。

溶入味噌時，瓦斯爐的火要不要關掉都可以。如果覺得燙手就關掉。此外，有時如果爐火開著，就會急著趕快溶化味噌，這時不妨先把火關掉。火先關掉，也比較能帶著從容不迫的心情溶入味噌。將味噌溶入湯中的方法有二。一種是拿一個小碟子，舀入一些鍋中的湯，一點一點加入味噌，待味噌完全溶解後，再倒回湯鍋。或者可準備一把小打蛋器，用打蛋器舀起味噌，先將湯杓放進湯裡，再把打蛋器上的味噌放在湯杓上攪拌溶解。

水與湯料

關於水與湯頭

一直以來，很多人都會說「沒先熬湯頭就無法做好味噌湯」或「沒有湯頭味噌湯就不會好喝」。然而，味噌湯美味的依據並非（只有）湯頭。所謂的美味，來自更複雜的化學變化和情感。

最近也流行用蔬菜切剩的邊角或削下的皮等殘渣熬製湯頭，並稱之為「蔬菜湯頭」，湯頭的定義變得愈來愈模糊。簡單來說，熬煮蔬果、魚或肉等，從所有食材中溶出某些物質，形成富含鮮甜味的水溶液，就可以稱為湯頭。煮味噌湯的時候，不一定要先用柴魚片或昆布熬煮湯頭。請記住，只要用清水煮湯料，再溶入味噌，光是這樣就能做出充分美味的味噌湯。之所以強調「只要用清水煮就行」，是因為我認為「煮味噌湯喝」這件事本身更重要。當然，先好好熬煮湯頭再煮味噌湯也不是不行，而口味單純的味噌湯，也能喝出順口的醇厚滋味。

用來做味噌湯料的小魚乾、昆布

容易熬出湯頭，本身還能拿來吃的食材，就是小魚乾和昆布。小魚乾富含鈣質，昆布可攝取食物纖維。為家人煮味噌湯時，總會希望家人身體健康，所以建議家中常備小魚乾及昆布，和湯料一起丟入水中熬煮就行了。另外，也可用來製作前面提到的口味清爽「基底味噌湯」。

基底味噌湯作法

【一碗份的基底味噌湯】

水一杯，小魚乾兩條（或昆布一、兩片）、赤味噌13g左右。

鍋中放入清水與小魚乾（或昆布），開中火慢慢煮開，再溶入味噌。

不用小魚乾或昆布，只在清水中溶入味噌也行，這樣也已經是無可挑剔的味噌湯。

味噌湯料的備料方式

事先水煮蔬菜可煮掉食物中的浮渣與澀味，使口感更好。把食材切成可輕易用筷子夾起的大小，這就是所謂「一口大小」。其實，這種大小也是食材容易煮熟的大小。每種蔬菜煮熟的時間不同，透過這點可看出不同蔬菜的特徵。認識蔬菜，就能享受不同季節的飲食樂趣。年輕人喜歡清脆一點的口感，不過，幫老人家煮湯時，請像製作濃湯一樣，將食材煮得柔軟些才好。熬煮過程中水分若減少，就視情況再加點水。

〔高麗菜．蔥．綠花椰菜．油菜花．蘆筍．小松菜等綠色蔬菜〕

葉菜類可用手直接撕或折成小片、小段。

大片的葉菜及較硬的葉梗，只要好好煮熟都能吃。多數葉菜類都能生吃，無論口感偏硬或偏軟都能享用。一般來說，燙綠色蔬菜的原則是等水滾再放進去，不過，如果只是煮少量味噌湯，水很快就會沸騰，即使在冷水階段就放入蔬菜，水滾時還是能維持青綠的色澤。

〔菠菜等澀味較重的綠色蔬菜〕

先用油炒過或先汆燙再煮成味噌湯。汆燙過的綠色蔬菜吃起來才不會澀。不過，如果只使用少量，那就直接放入水中一起煮也不要緊。

〔南瓜・山苦瓜・青椒・甜椒・茄子・小黃瓜・四季豆・番茄等黃綠色蔬菜〕

和葉菜類相比，這些蔬菜需要較長的加熱時間才會煮熟。切成7～8公釐的厚度，放入水中，以中火或小火加熱，水煮開時食材也差不多熟了。如果還覺得口感有點太硬，就再加點水煮到柔軟為止。番茄要切大塊一點。

即使食材較大，只要花時間慢慢熬煮，也會煮到軟嫩。皮、種籽、纖維等要不要去除都可以。我自己喜歡全部放下去煮，總覺得這樣比較好吃。吃的時候如果介意，再吐出來就好。

〔馬鈴薯・番薯・小芋頭（里芋）等芋薯類〕

里芋的皮用搓的方式去除。若無法搓乾淨，就用刀削掉。切成5～7公釐厚。

番薯可直接連皮切成1公分厚。或是將皮的部分厚厚切下，再切成稍大的塊狀，慢慢用火熬煮，應該也很好吃。

馬鈴薯削皮後再煮，能吃到比較柔軟的口感。切成1公分厚。

〔蓮藕・牛蒡・白蘿蔔・胡蘿蔔等根莖類〕

根莖類指的是地面下、泥土中長大的蔬菜。和其他蔬菜相比，比較不容易煮熟。放在味噌湯裡的根莖類，為了方便食用，大小最好切成厚約3～5公釐的薄片。切牛蒡時，可運用削鉛筆的技巧，斜切成竹葉般的形狀，或是縱切為棒狀。從土裡收成的根莖類作物表面往往沾有泥土，請用鬃刷清洗。蓮藕雖然可以不用削皮，若覺得賣相不好，也可以先削掉。

【肉類等含有油脂及蛋白質的食材】

肉類或蛋類等含有油脂及蛋白質的食材，熬煮時本身就會釋放鮮味，煮出美味的味噌湯。想製作湯料豐富，可兼做配菜的味噌湯時，加入肉類或魚類就是很好的方法。

〔雞肉・豬肉（牛肉）〕

雞胸肉、雞腿肉、豬五花、豬腿肉，即使油脂含量有多有寡，價格也有高有低，各種肉類都可拿來煮味噌湯。任何部位都可以。味噌湯裡的肉類適合薄切，厚度不要超過3～5公釐。

〔罐頭魚類〕

鮪魚、沙丁魚、蜆仔、干貝等罐頭魚類可連醬汁都放進去煮，這樣味噌湯會更好吃。

〔香腸・火腿・竹輪・魚板・天婦羅〕

這些都是可以直接吃的食材，加入味噌湯煮也能煮出鮮甜湯頭。煮的時候切成方便食用的大小即可。

〔油豆腐・油豆腐皮〕

油豆腐是蔬菜與豆腐的好搭檔，能讓味噌湯變得非常好喝。

薄的油豆腐皮可切成寬3～10公釐的短條狀，較厚的油豆腐則切成方便食用的大小。

〔豆腐〕

從以前到現在，豆腐一直是每天吃也不會膩的食材。

可切成小方塊狀，也可以直接用湯匙一塊一塊挖起來加入湯中。大塊豆腐要多花點時間煮，才會連中間也夠熱。請在冷水時就先下豆腐，慢慢加熱。豆腐本身不太會出味，建議搭配油豆腐或海帶芽一起煮。

【特別容易熬出湯頭的乾貨食材】

乾貨能夠長久保存，家中常備乾貨，可讓烹飪時更方便。除了拿來熬製湯頭，也是能直接煮來吃的食材。

〔小魚乾〕

將鰯仔魚（又稱日本鯷魚或小銀魚，台灣常見魚種為丁香魚、鰗仔魚及堯魚等）以海水煮過後曬乾或炒乾。外觀呈美麗銀色的品質最好。雖然不能一概而論，瀨戶內海伊吹島產的小魚乾品質很好，直接使用也沒有腥味。如果買到外觀偏黑、魚身碰傷等品質不好的魚乾，可以去除腸子，把頭摘掉後再拿來熬湯，比較不會苦腥。

煮味噌湯時，一碗湯約使用兩條小魚乾。小魚乾本身還能當湯料吃，能攝取到很多鈣質。我經常在煮味噌湯的時候，什麼都不想，先放兩條下去就對了。

〔蝦米、干貝等（小魚乾的夥伴）〕

先泡水使其恢復柔軟度，就能熬出美味湯頭。煮味噌湯的話，一開始就取適量加入水中熬湯。

〔昆布（日高昆布・利尻昆布・眞昆布等）〕

棒狀的日高昆布，是用來做昆布卷的昆布。這種昆布比較薄，更容易煮軟，又能好好煮出湯頭，是很適合家庭使用的一種昆布。加工為板狀的上等利尻昆布或真昆布，則多是餐廳用來熬湯頭（第一道高湯）的材料。

〔柴魚片（鰹魚・鯖魚・沙丁魚）〕

鰹魚是柴魚片中最上等的，沒有魚腥味。混入鯖魚或沙丁魚的柴魚片雖然能熬出濃厚的湯頭，但多多少少會有點魚腥味。

柴魚片直接留在味噌湯中，吃起來口感不好，我多半會拿柴魚片另外熬出湯頭來用。把柴魚片和昆布等一起放入清水中，用中火煮滾後過濾出來的，就是在煮味噌湯或燉菜時使用的「第二道高湯（二番出汁）」。順帶一提，「第一道高湯（一番出汁）」是日式餐廳煮清湯專用的上等高湯。

〔乾香菇〕

乾香菇鮮味豐富，營養價值高，又容易保存。事先浸泡在水中，等香菇變軟時，泡乾香菇的水就等於是濃濃的湯頭了。要泡出湯頭需要一小時左右，出乎意料地耗時，可以將乾香菇和水一起裝入密封袋，放到冰箱裡等待泡軟。泡之前先將乾香菇切成方便食用的大小。乾香菇泡出的湯頭很濃，建議稀釋再使用。

〔蘿蔔乾．鹿尾菜（羊栖菜）．紫萁乾〕

泡軟後的這類食材，可分別切成方便食用的大小，煮味噌湯時一起放進去當湯料。

【稍微特殊的食材】

其他如白蘿蔔泥、豆渣、納豆、辛奇等也可放入味噌湯當配料。前一天晚餐剩下的炸雞塊、煎餃等，放入味噌湯裡一起煮到柔軟也很好吃。

我曾把包紅豆餡的艾草年糕放進味噌湯煮，結果意想不到的好吃。如果只是自己要吃的話，卡門貝爾起司也好，奶油也好，只要覺得行得通的，都不妨嘗試看看。如果是煮給別人吃的味噌湯可不能這樣了，在取得他人同意前，就別亂放特殊食材了。把嘗試特殊食材當作自己的小小樂趣就好。

味噌大小事

味噌湯對日本人打造健康體魄貢獻良多，這是毋庸置疑的事。江戶時代《本朝食鑑》就說味噌有「放鬆腸胃、活血、排出百藥之毒」的作用，也提到「入胃助消化、運元氣、促進血液循環。鎮頭痛、刺激食慾。抑止嘔吐、止瀉。還能使頭髮烏黑，皮膚滋潤」。德川家康就很喜歡喝味噌湯，每日不可或缺。而他也活到了當時罕見的七十五歲，壽終正寢。生了病再對症下藥診治的現代醫學固然有效，不過站在預防的觀點，我認為傳統味噌湯的效果更為優越。只是，在身體健康的狀態下，預防的效果很難佐證。即使如此，還是希望年輕人及小孩子能恢復喝味噌湯的習慣。味噌可幫助腸道菌群優化，是能夠調節身體機能的食物。

味噌的種類

味噌可大致分成以下幾種：以黃豆為原料的「豆味噌」，市面上最普遍的則是以米麴及黃豆為原料的「米味噌」。另外，還有九州地區常見的以麥麴和黃豆為原料的「麥味噌」，以及關西地區奢侈地只使用米麴製作，有「西京味噌」之稱的「白味噌」。在不同風土民情及傳統孕育下，日本各地還有許多具備當地獨特風味的味噌。以下就按照外觀顏色，從濃至淡為大家介紹四種不同種類的味噌。

【豆味噌】

特徵是深濃的紅褐色和豐富的鮮甜味。其中，以傳統製法製造的東海豆味噌歷經超過兩年的熟成期，帶有濃縮了黃豆鮮甜的濃厚醇味與少許酸味、澀味及苦味，是一款口味分布均衡的味噌。因為甜度較低，適合搭配魚類海鮮，也是夏季常用的味噌。

【米味噌】

米味噌呈現偏黃的淺色，隨著熟成期間的拉長，顏色會漸漸轉為深褐色（梅納反應）。一般常將米味噌稱為「赤味噌」。米味噌是最標準，口味最普遍的味噌，日本全國都有釀造，顏色也從淡到深都有。與各種食材皆能搭配，是一款萬能味噌。

【麥味噌】

外觀從淺色到深褐色都有，特徵是散發小麥的香氣與風味。麥味噌有甘口（口味偏甜）與辛口（口味偏鹹）兩種，日本全國超市都能買得到。九州地區將口味偏甜的麥味噌稱為白味噌，深受大眾喜愛。也是和任何食材都能搭配的味噌。

【白味噌】

顏色是偏白的雞蛋色，特徵為鹽分含量少。米味噌因顏色的不同而區分為赤味噌和白味噌。關西的白味噌稱為西京味噌，是熟成期間短的快速釀造味噌，以豐富的甘甜味為其特徵，經常用於年節喜慶或宴客時的料理中。因為鹽分含量少，用量較一般味噌多，用來煮湯時，能煮出濃稠綿滑口感的味噌湯。

關於調和味噌

味噌可以使用單一種類，也可以自由調配不同種類的味噌。
配合食物（季節、時間、有無配菜、湯料）的不同，
隨心情喜好自由調配出各式口味（偏甜、偏鹹、是否帶澀味、
不同濃淡）、顏色（褐色、淺色、白色）與濃度（濃稠感的多寡）的味噌。

A 豆味噌

取得良好澀味及酸味的平衡，熟成期間較長的味噌。

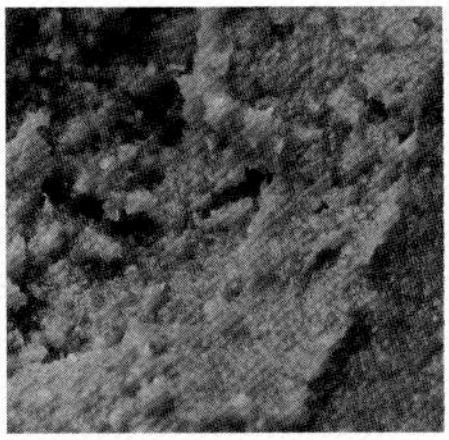

B 赤味噌

不過鹹、不過甜，不容易吃膩的口味。

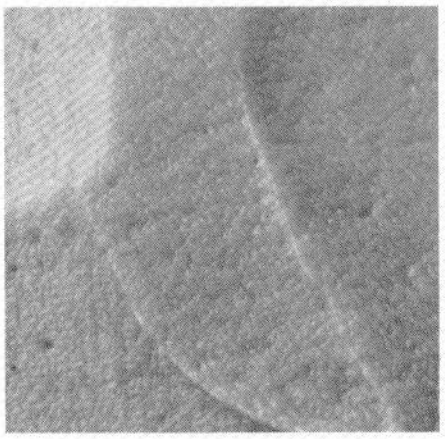

C 白味噌

使用大量米麴製成的白味噌，口味特別清淡。

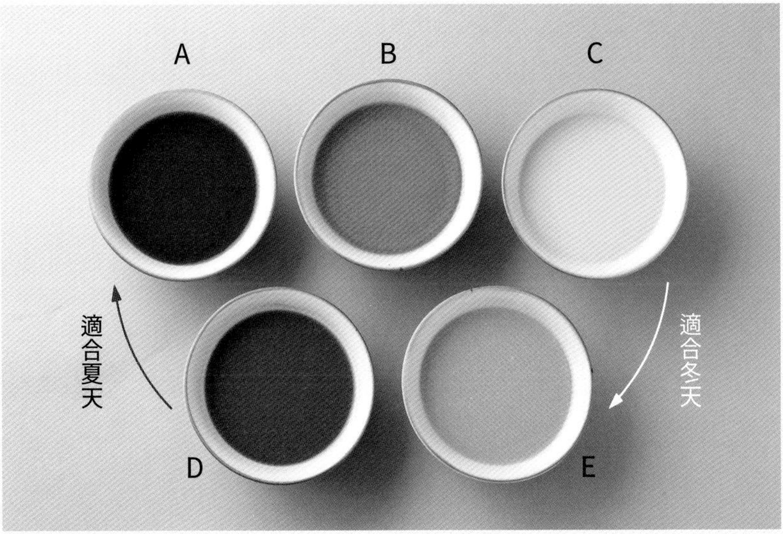

D 赤高湯味噌

味噌店以豆味噌和赤味噌調和販售的味噌。

E 赤味噌：白味噌＝1：1的調和味噌

加入白味噌的甜味，最適合秋天或剛入冬時寒冷時節食用。

如何挑選味噌

基本上挑自己從小熟悉、吃慣的味噌即可。如果沒有慣用的味噌，不妨先選擇以傳統古早製法製造的米味噌（赤味噌）。挑選時先看味噌的外觀，挑所謂「清醒」的味噌，也就是看上去不混濁，具有透明感的味噌。這樣就能買到餘味佳，口感清爽的味噌（由於科技的發達，便宜的味噌甚至可以在極度壓低成本的狀態下，一個月內就製造出來，吃不出味噌本來該有的價值，挑選時請多加留意）。

調和味噌

只使用單一種類的味噌，或將好幾種味噌調和起來，不管哪種使用法都好。

一般來說，夏天偏好甜味較淡的味噌，冬天則喜歡甜味強烈一點的口味。基本上只要常備赤味噌，天氣變冷時摻入口味偏甜的白味噌，調出顏色偏白的調和味噌。如此煮出來的味噌湯會比平常的濃稠，喝起來感覺身體更暖和。夏天則可以在赤味噌中加入豆味噌，也可以去味噌店買店家調好的「赤高湯味噌」。此外，包裝裡殘留一點味噌時，加入新買的味噌裡就能全部用完，避免浪費。

味噌與醬油

味噌和醬油同為發酵食品，加在一起相輔相成，能讓食物美味更上一層樓。液體的醬油含有比味噌更多的鮮味成分。湯料煮熟，要將味噌溶入湯中時，如果覺得味道稍嫌不足的話，滴幾滴醬油調味也不錯。因為加入醬油會讓滋味更濃縮，一開始就少放一點味噌也是一種作法。

因應不同狀況與場合，味噌湯也有不同的作法。
以下將介紹配合各種狀況區分的五大味噌湯主題。

一、自立的味噌湯

一個人時也要好好照顧健康，好好生活。
這是能實現「自己做菜給自己吃」的味噌湯。

二、家人的味噌湯

即使日子再忙碌，只要不是自己一個人，做菜的人心裡自然會爲吃的人（家人）著想。調度食材，做出色香味俱全的味噌湯。

三、配菜的味噌湯

餐桌上有其他配菜時，味噌湯的湯料就要考慮是否與配菜達成良好平衡。
口味的濃淡也是重要關鍵。

四、四季的味噌湯

全家一起享受當季食材。重點不只是配合季節，
更要用心做出令生活更豐富的料理。

五、味噌料理、特別的味噌湯

用味噌當調味料，享受烹飪樂趣的食譜。
另外也介紹從味噌湯發展出來的湯麵或火鍋等料理。

第一章
自立的味噌湯

善 料理就是一種自立吧。
光 自己照顧自己。每個當下觀察、配合自己的身體狀況做料理，說來或許是一件很厲害的事呢。
善 味噌湯是自立的好幫手，只要這麼一道料理就解決了。
光 像裝在大碗公裡的湯麵或丼飯那樣，把味噌湯視為一道主菜來思考就不難了。希望大家都能做出自立的味噌湯，從中獲得安心與自信心。

在加入各式蔬菜的味噌湯裡打顆蛋

Point

在湯裡加蛋

只要打上一顆蛋，味噌湯就成了主菜。大家都喜歡吃蛋。每天吃也不會膩。

在加入各式蔬菜的味噌湯裡打顆蛋

湯料　洋蔥、胡蘿蔔、南瓜、蘆筍、培根等
水分　水
味噌種類　赤味噌
　　雞蛋

一人份的味噌湯，只要準備一碗切成適當大小的湯料和一碗水，將這些放入鍋中，以中火加熱，水煮開後，再溶入味噌。接著，在小缽裡打蛋，再將蛋輕輕倒入湯中，煮到半熟程度。從倒入蛋到煮至半熟的這段時間，熱湯也繼續在將其他蔬菜煮軟。南瓜就算煮到散掉也沒關係，這樣反而更好吃。

將湯裝入碗中時，半熟的蛋最後再舀才不會破掉，裝進碗裡也才好看。

烹調時的重點

・事先將蛋打入小缽中，等湯煮滾時，再把蛋輕輕流入湯裡。蛋如果露出水面就不容易煮熟，倒入蛋後可適度調整位置，讓蛋沉入湯裡。

・**【水波蛋的作法】**先用另一個鍋子把水煮開（深度3公分左右）後轉小火，把蛋輕輕打進去加熱，就成了水波蛋（水煮蛋包）。有些食譜會教人在熱水裡加醋，因為醋有使蛋白質凝固的效果，能幫助蛋白煮硬。但是這麼一來，水波蛋的表面就會太硬，所以我不建議加醋。何況近年市售雞蛋鮮度提升，不容易煮破，實在不必加醋。

炒高麗菜味噌湯

Point

用油炒菜

高麗菜用油炒過更清甜，我很愛吃，也經常做這道料理。先用油炒湯料，還能讓煮出的味噌湯口味更濃厚。請把油脂也視爲鮮味的一種。放入小魚乾除了熬出湯頭外，還可以直接拿來當湯料吃，從中攝取鈣質。

炒高麗菜味噌湯

湯料　高麗菜、綠花椰菜、雞胸肉
熬湯頭材料　小魚乾
水分　水
味噌種類　赤味噌

在鍋裡放入油、小魚乾及撕成適當大小的高麗菜，以中火（偏強）煎炒。所謂煎炒，就是食材入鍋後不再翻動，等待熱油將食材表面煎出金黃焦色。這時，再加入切成一口大小的花椰菜與雞肉，最後加水。加水時因為鍋子溫度很高，會發出很大的聲音，請多注意。加水後煮到高麗菜變軟即可溶入味噌，再煮一下，等湯料入味就完成了。

烹調時的重點

・【炒菜】炒高麗菜的時候，要是筷子過度拌攪，會令鍋中溫度下降，不但無法炒出漂亮的焦色，還會使蔬菜生出太多水，味道也會變差。因此，這道料理的重點就在於「等待」。放入食材後，等待食材表面煎出漂亮焦色。用平底鍋炒菜時，若要強調這種「煎」的手法，就會說是煎炒。即使沒有翻動食材，只有單面加熱，上半部未直接受熱的地方仍然能夠被熱氣蒸熟。

・雞肉可用菜刀的刀跟處敲打過再切，這麼一來，加熱後也不容易變硬。

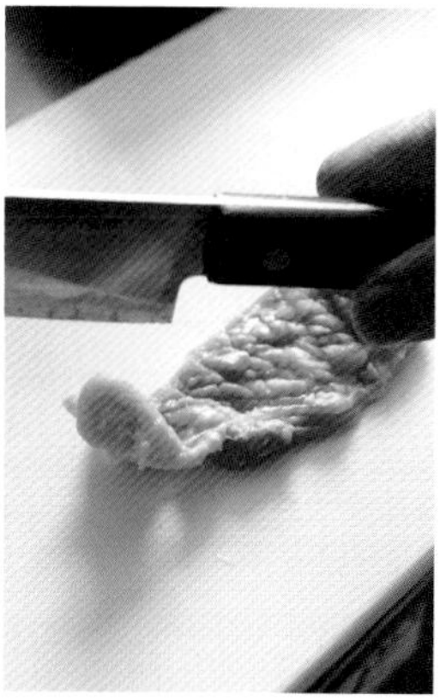

加入豆腐、蛋和白味噌的味噌湯

Point

用不同味噌搭配調和

天氣寒冷的日子，煮一些口感柔軟的食物，用赤味噌搭配白味噌調出偏甜的口味，來一碗溫暖身心的味噌湯吧。調配味噌時，不妨把食材的口感（質地）也考慮進去。

加入豆腐、蛋和白味噌的味噌湯

湯料　絹豆腐、乾燥海帶芽、金針菇

水分　水

味噌種類　赤味噌、白味噌

雞蛋

在鍋中放入一碗水，接著放入切成兩段的金針菇，用杓子直接從買來的豆腐盒裡舀起豆腐，再將半圓形的豆腐輕輕放入鍋中。以中火加熱到水滾後，加入赤味噌和白味噌，最後加入海帶芽。先將蛋打在一個小缽裡，再輕輕流入湯中，加熱到半熟程度即可。盛入碗裡時小心不要把蛋弄破。

烹調時的重點

・在平時使用的赤味噌裡加入白味噌調和，就能為味噌湯增添甜味。以大量米麴做成的白味噌鹽分含量少，就算多加一些，湯也不會過鹹。

・喜歡柔順口感就選絹豆腐，喜歡濃厚豆味就選木綿豆腐（板豆腐），按照自己喜好選擇即可，不用拘泥。有些豆腐店也販售口感滑嫩的板豆腐，市面上豆腐種類眾多，只要找到自己愛吃的就好。

蔬菜香腸味噌湯

Point
搭配麵包享用

綜合各種蔬菜煮成的一道味噌湯。繽紛的色彩讓人看了就充滿活力，吃了更能補充體力。試著加入番茄的酸味、小黃瓜的口感和西洋芹的香氣，煮出一碗好喝的味噌湯。即使是味噌湯，也能配合當下的心情搭配麵包吃。這道湯很適合配奶油吐司喔。

蔬菜香腸味噌湯

湯料　番茄、小黃瓜、紅椒、洋蔥、南瓜、西洋芹等
　　　西式香腸
水分　水
味噌種類　赤味噌

湯料中的香腸口感Q彈，還能煮出夠味的湯頭。將切成易於入口大小的蔬菜（西洋芹之外所有的蔬菜）與一碗水放入鍋中，開火加熱。煮到水滾之後，其中偏硬的蔬菜——例如這道食譜中切得比較大塊的南瓜——最不容易熟，可用竹籤插進去確認軟硬度，確定蔬菜都夠軟了，就可以將味噌溶進湯中。西洋芹最後再加，煮到入味即可。

烹調時的重點

・水分含量高的蔬菜，加熱後會釋出比想像中更多水分。因此，使用大量蔬菜時，一開始就可以少放一些清水。要是覺得湯量不夠，之後再追加也無妨。

・南瓜和紅椒可以連籽一起下鍋熬煮。種籽及纖維都是鮮甜味的來源，不能吃的部分，吃的時候再撈出來就好。

里芋油豆腐皮味噌湯

Point
利用油豆腐皮達到乳化作用

用里芋（日本小芋頭）搭配白蘿蔔、香菇和根莖類蔬菜，就能煮出很有日本風味的味噌湯。油豆腐皮自古以來便是味噌湯的好搭檔，加入油豆腐皮一起煮，鮮味瞬間倍增，還能讓湯頭的滋味更有層次。油豆腐皮有口感，吃起來夠飽足，還能應用在各種菜餚中，是適合家中常備的食材。

里芋油豆腐皮味噌湯

湯料　里芋、白蘿蔔、香菇、青椒、油豆腐皮等
熬湯頭材料　小魚乾
水分　水
味噌種類　赤味噌
提味　七味辣椒粉

湯料全部切成方便入口的大小。將一碗份的湯料、小魚乾及一碗水放入鍋中，以中火加熱。水煮滾後，確認里芋等較慢熟的食材是否都已煮熟，等食材大致煮熟，再溶入味噌，繼續煮到湯料入味即可。盛入碗裡，也可隨喜好撒些七味辣椒粉。

烹調時的重點

・秋天剛上市的里芋多半很好削皮，如果買到不好削的，可用菜刀沿表面斜斜削皮。皮削掉後，煮味噌湯用的里芋切成約7～8公釐厚。

・白蘿蔔可以直接連皮下鍋煮。最快的方法就是用削鉛筆的方式斜切成片狀。

・夠新鮮的生香菇，香菇蒂用手一扭就能扭下。只要切掉香菇蒂最尾端太硬的地方，剩下的可切成小塊一起放入湯裡煮。

・澱粉質含量多的根莖類蔬菜跟著冷水一起下鍋煮是料理的基本常識。要是水熱了才放入，蔬菜表面會迅速變硬，造成芯的部分無法順利受熱，不容易煮熟（不過，事先切成小塊的話，有時最好等水熱了再放進去煮，才不會太快軟爛）。

・不容易煮熟的食材以中火慢慢熬煮，花時間煮出柔軟口感。要注意的是，含油分的味噌湯料最後再轉大火快煮一下，逼出的油脂和水會產生乳化作用，湯會更醇厚好喝。

麵線味噌湯

Point

利用麵線增加分量

把水煮過的麵線加入味噌湯，增加食物的分量。麵線湯口感滑順，方便入口。白飯不夠或沒煮白飯時，一碗加了麵線的味噌湯，就能滿足「一湯一菜」*所需的一切條件。

*日本料理中最單純的菜色組合就是一湯一菜，可視為最基本的和食原型。

麵線味噌湯

湯料　紅椒、番茄、秋葵、蠶豆等
碳水化合物　麵線（事先煮好）
水分　水
味噌種類　赤味噌

湯料分別切成方便食用的大小。將一碗份的湯料和一碗水放入鍋中，以中火加熱。煮開後再溶入味噌，然後放入預先煮好的適量麵線，繼續熬煮。煮好盛入碗中，配合自己喜歡的口味，一邊吃一邊在湯裡溶入新的味噌，也是美味的吃法。

烹調時的重點

．預先煮好的麵線徹底瀝乾後，裝入食物保鮮袋放冰箱，可保存好幾天。即使麵線冰過變硬，快速過水後放入味噌湯就能恢復柔軟。

．**【如何煮麵線】**鍋中水煮滾，放入麵線，煮到沸騰時加一次清水降溫。再次煮滾，這時麵線已大致煮熟，稍微再煮一下就能撈起瀝乾。放涼後，用流動清水搓洗，洗去表面黏稠的麵糊（蘸涼麵醬汁吃就是日式涼麵了）。

．秋葵橫切成數段放入鍋中。切口雖然會生黏液，只有少許的話倒無所謂。不過，需要長時間燉煮的燉菜裡加秋葵時就不切，整根放進去。秋葵煮之前也不需要先搓鹽。

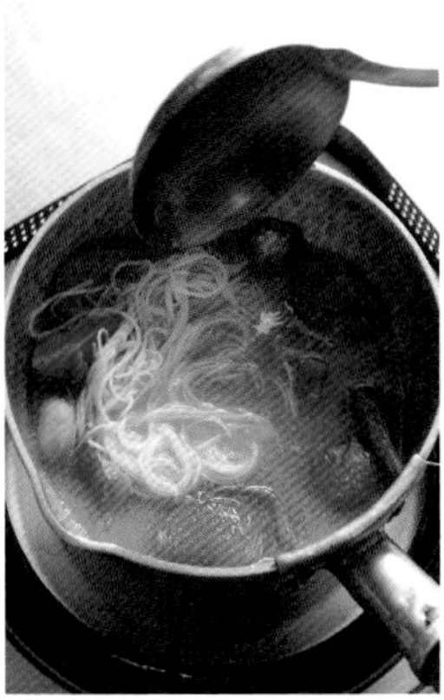

麵疙瘩味噌湯

Point
麵粉做的麵疙瘩

用麵粉揉成柔軟的小麵團，日語叫「水團」，就是類似麵疙瘩的食物。揉麵團的方式決定麵疙瘩的軟硬度。在味噌湯中加入麵疙瘩一起煮，麵粉在湯汁中產生勾芡效果，能煮出一碗使身體暖和起來的濃稠味噌湯。一碗麵疙瘩味噌湯也是滿足「一湯一菜」要素的料理。

麵疙瘩味噌湯

湯料　洋蔥、胡蘿蔔、火腿、毛豆（水煮過的）等

碳水化合物　麵疙瘩（兩人份麵疙瘩材料：麵粉100g、水3～4大匙、麻油1大匙）

水分　水

味噌種類　赤味噌

洋蔥和胡蘿蔔切成薄片。要煮幾人份，就在鍋中放入幾人份的水，再將洋蔥、胡蘿蔔及火腿加入鍋中，以中火煮滾。湯汁煮滾前，就利用這段時間做麵疙瘩的麵團（作法請參考左頁）。

用湯匙舀起揉好的麵團，放入煮滾的湯汁，煮到麵團呈透明狀為止。加入綠色毛豆增添色彩，再溶入味噌，煮到整體食材入味即可。

烹調時的重點

・【麵疙瘩的作法】在調理盆裡倒入麵粉，分次少量加水，每加一次水就用湯匙從底部往上大大攪拌一兩次。反覆這樣的步驟數次，慢慢減少攪拌次數……待麵團漸漸成形，最後再滴入增添香氣的麻油，輕輕攪拌混合均勻。如此做好的麵團，直接舀起一小團一小團加入味噌湯煮成麵疙瘩。麵疙瘩不要做得太大塊，否則不容易煮熟。

加入年糕與納豆的味噌湯

Point
使用海苔

外表看起來黑糊糊的，是因爲加了海苔的關係。煮好之後看到這個狀況，原本有點後悔放了海苔。可是轉念一想，反正只是自己要吃的，沒關係，就這樣吃吧。放入海苔一起煮，多少也有熬高湯的效果。或許有人認爲食物不是能吃就好，料理的外觀也很重要，這我當然也明白。做給自己吃的料理這樣就行了。不過，味道可是沒話說的喔。

吃年糕和納豆能讓人充滿活力。家裡如果有軟掉的海苔，加入味噌湯煮掉既不浪費，又能吃到美味的料理，可說一舉兩得。這次湯裡也加了小魚乾和蝦米，其實不用兩種都放，只用一種味道就很足夠。

加入年糕與納豆的味噌湯

湯料　　納豆、海苔
碳水化合物　　年糕
熬湯頭材料　　蝦米、小魚乾
水分　　水
味噌種類　　赤味噌
補充的調味料　　醬油

為了讓年糕更快煮熟，可預先切成兩半，跟冷水一起下鍋煮到柔軟。

在鍋中加入蝦米和小魚乾，用中火加熱，煮滾後溶入味噌，再將納豆攪拌後加入鍋中。煮得差不多入味了，再放入海苔快煮一下。這時可試試味道，覺得不夠就加點醬油。

烹調時的重點

・照片裡裝這道味噌湯的深盤叫「膾皿」，膾皿也被稱為「三平皿」。三平指的是李參平，是第一個製作伊萬里燒瓷器的陶瓷工匠。此外，北海道有一道用鹽鮭熬高湯的料理，名為三平汁。據說是三平皿的另一個由來。

・日本料理用筷子進食時，一定會在手上端一個小缽或小碗。將一隻手就能端起的小缽或小碗拿到嘴邊，這麼一來，直接以口就碗喝湯也不失禮儀。日本人用餐時不會伸手去拿大盤子。原則上，盤子只會放在桌上，用來盛放食物（稱為「手鹽皿」的小盤子除外）。手上拿的都是一隻手端得起的小缽或小碗。

鮪魚罐頭、根莖蔬果與鴨兒芹味噌湯

Point

罐頭裡的醬汁也一起使用

使用水煮罐頭時，連罐頭裡的醬汁也一起使用，能煮出濃厚的湯頭。只用半罐的話，剩下的不要留在罐頭裡，請另外裝進保存容器中，再放進冰箱冷藏。

鮪魚罐頭、根莖蔬果與鴨兒芹味噌湯

湯料　胡蘿蔔、牛蒡、鴨兒芹

熬湯頭材料　鮪魚罐頭

水分　水

味噌種類　赤味噌

鍋中裝水，將整罐鮪魚罐頭連同醬汁一起倒入鍋中。牛蒡斜切成片狀（竹葉狀），胡蘿蔔滾刀切塊放入鍋中。以中火加熱，待水滾溶入味噌，再煮一會兒使湯料入味。最後要享用前再撒上鴨兒芹。

烹調時的重點

・以前的食譜常說牛蒡容易變黑，切好一定要泡水。近年發現牛蒡變黑是因為其中含有多酚，所以原則上，現在牛蒡切好不用泡水。而且這樣也比較好吃。

・雖然牛蒡及胡蘿蔔不用切得很整齊也沒關係，其實只要有心想切齊，通常都能切得不錯。意識著這一點去切，刀工就會慢慢進步喔。

・**【牛蒡削薄片的切法】**固定一個支點，手像雨刷一樣只擺動手腕，一點一點轉動牛蒡斜斜往下削，就能切出漂亮的薄片。用菜刀靠近刀跟的地方切會太厚，輕輕以刀尖削切才切得薄。另外，食指按住刀側推進的角度不同，也會影響切出的厚薄度。不妨自己試著用各種角度和位置試驗看看，就能掌握切出適度薄片的方法。多多練習，實際感受自己烹飪技巧的進步也很有意思喔。

炸甜不辣與茄子味噌湯

Point
魚漿類是鮮味的由來

用炸甜不辣當味噌湯的配料時，甜不辣富含油脂又熬得出鮮甜味，能讓這碗味噌湯變得更好喝。茄子切薄一點熟得比較快，顏色也才漂亮。

湯料	炸甜不辣、茄子、洋蔥、小黃瓜、茗荷、青蔥等
水分	水
味噌的種類	赤味噌
補充的調味料	醬油

先將湯料分別切成方便食用的大小。鍋中放入一碗份的所有湯料（茗荷及青蔥除外）和一碗水，開火加熱。水煮滾後溶入味噌，再放入切細的茗荷與青蔥，煮到入味即可。

烹調時的重點

· 茄子蒂頭雖硬，煮過之後也很好吃。需要切除的只有蒂瓣的部位。

· 煮好後試試味道，覺得不夠就加點醬油。

「風呂吹」蘿蔔與豬五花肉味噌湯

Point
用味噌當佐料

「風呂吹」蘿蔔這道菜，是在冬天白蘿蔔最當令美味的時候，將白蘿蔔厚切，用大量熱水煮到軟嫩。吃的時候燙嘴，一邊「呼、呼」吹涼一邊蘸田樂味噌（味噌裡加入砂糖和酒再加熱做成的蘸醬）吃就非常美味。煮白蘿蔔時，可在湯裡加入昆布，讓昆布的鮮味滲入蘿蔔。這道味噌湯的吃法，是像吃涮涮鍋那樣把豬肉片放進白蘿蔔湯裡涮，將白蘿蔔與肉片跟湯汁一起盛入碗中，最後放上味噌當佐料。吃的時候才把味噌溶入湯裡。不知道這樣的料理能否稱爲味噌湯，不由得思考起「何謂料理？」的大哉問。

湯料	白蘿蔔、豬五花肉片（偏厚一些）
熬湯頭材料	昆布
水分	水
味噌的種類	赤味噌

將切成厚塊的白蘿蔔與昆布放入鍋中，加水到差不多可蓋過食材，熬煮20分鐘以上，至白蘿蔔變軟為止。加入豬肉片，肉片涮熟即可和白蘿蔔湯一起移到碗裡，最後佐以味噌。一邊溶入味噌一邊吃。撒點七味辣椒粉也不錯。

烹調時的重點

・不一定要白蘿蔔，只要是根莖類蔬菜，燙熟後都可以蘸味噌醬吃，蒟蒻也可以。將味噌溶入湯汁，就是一碗味噌湯。

・手邊如果有白蘿蔔，想不到要煮什麼的話，先下鍋水煮，再慢慢發展出各種吃法。水煮的時候加入醬油就是燉蘿蔔了。將蘿蔔煮軟再放涼，這段時間醬油會滲入蘿蔔裡，變得很入味。

南瓜烏龍麵味噌湯

Point 放入烏龍麵熬煮

直接將市售水煮烏龍麵放入味噌湯煮。若把烏龍麵條換成寬麵條，就成了山梨縣的鄉土料理餺飥麵。煮了烏龍麵的湯汁濃稠，特別美味。順帶一提，如果直接將水煮好的烏龍麵放入清澈的湯裡，糊化的麵條表面會使湯汁變得混濁，最好先用冷水洗過再放入湯中加熱。

湯料	南瓜
碳水化合物	水煮烏龍麵
熬湯頭材料	小魚乾
水分	水
味噌的種類	赤味噌

南瓜不用削皮去籽，直接切成大塊放進鍋中，加入剛好蓋過食材的水（這裡放的水比煮其他味噌湯時多一些），放入小魚乾，以中火加熱。南瓜煮到鐵籤可戳入的偏硬程度就可以先溶入味噌，再下烏龍麵繼續煮。煮到一半如果湯量不夠，請再加新的水（冷水熱水都可以）。

烹調時的重點

・將食材切得大塊一點來煮，更能保留食材原本的風味，做出美味的菜餚。只有想盡快煮來吃，或確定所有切好入鍋的食材一餐就會吃完的時候，才將食材切成小塊。如果時間充裕的話，請試試將食材切得大塊一點來煮，你會發現即使用的是一樣的食材，也會煮出完全不同的料理。

・從前日本料理的作法，會要求將南瓜這類食材的種籽或纖維都去除乾淨。但是我認為日常生活中的煮食，把這些部位全部利用也是很重要的事。除了省事省時外，蔬菜種籽周圍的部分，跟魚肉類骨頭旁邊的部分一樣美味，且具有豐富的營養價值。

味噌鹹粥

Point
放入白飯熬煮

這是把飯加入味噌湯一起煮的味噌湯。家裡剩一點冷飯時，就很適合用來加入味噌湯，做成味噌鹹粥。配料選擇不會妨礙鹹粥口感的柔軟食物。最後打個蛋花，讓整體滋味更溫醇，吃得更開心。鹹粥就是要趁熱吃，剛煮好的最好吃。

湯料	滑菇、雞腿肉、豆腐、蛋
碳水化合物	白飯
水分	水
味噌的種類	赤味噌

在鍋中放入水、滑菇和雞肉，再舀起豆腐加進去，開火加熱。煮滾後溶入赤味噌，再把白飯放進去煮。最後打顆蛋花攪散，盛入碗中即可享用。

烹調時的重點

・雞肉不做任何處理，直接切成一口大小也可以。不過，建議可先用菜刀刀跟在雞肉兩面敲打後切成小塊，這樣即使煮過也能保持軟嫩口感。

・白飯入鍋前要不要先用冷水洗過都行。洗過再入鍋煮，可以減少黏度，煮出口感清爽的鹹粥。喜歡吃濃稠口感的人，建議不洗直接煮。不妨依據季節和心情來決定。

・下蛋花前，爐火可以稍微調大，趁湯水沸騰時，像拉線一樣把蛋汁細細倒入鍋中。

即使在外國，只要有味噌就行了

土井光

用外語搜尋「味噌湯食譜」時，食材一覽裡一定會出現「味噌」和「高湯」。人在外國，光是買到味噌都不容易了，若按照這些食譜的資訊，還非得準備高湯不可。

更別說外國人哪知道高湯是什麼。這下又要從高湯開始搜尋資料。昆布高湯、柴魚高湯、高湯粉、高湯包……老實說，外國人看了一定一頭霧水吧。到最後查到的，甚至是從削柴魚棍開始做的那種講究的食譜（笑）。這麼一來，煮味噌湯好像成了很麻煩的一件事，外國人對味噌湯只會留下「作法複雜」的印象。當然，用高湯煮出的味噌湯很好喝，可是就算只是把味噌溶入湯裡，也還是很美味啊。因為一起烹調的各種食材都能煮出鮮甜的湯頭，使用的湯料愈多，滋味就愈豐富有層次。如果還是覺得太清淡，加點調味料也行。所有溶入味噌的湯都可以稱為味噌湯，只要掌握這個概念，煮味噌湯真的很簡單。

我住法國時，曾經在朋友家享用了燉雞，實在太美味了，我就問了作法。說是先用油煎帶皮雞肉，再加入水、鹽、蒜頭、高麗菜及胡蘿蔔一起熬煮就行了。花時間熬煮的好處，就是所有鮮味都會濃縮在湯裡。不過，即使不花時間熬煮，只要和本書介紹的食譜一樣溶入味噌，就能得到一碗好喝的味噌湯。總之，放了味噌的湯就是味噌湯。豆腐或海帶芽等口味較清淡的湯料，或許必須用上柴魚高湯來增添滋味。可是，如果湯料用的是重口味的根莖類蔬菜或肉類，這些食材釋放的鮮味自然能形成美味湯頭，完全沒有必要拘泥於使用高湯。如果外國的食譜書都能這麼介紹的話，一定能讓更多人享受到味噌湯的美味。

我跟法國的朋友這麼一說，大家都覺得有道理。以此為前提，再來跟大家聊高湯，反而更能讓外國朋友理解日本的飲食文化。

第二章 家人的味噌湯

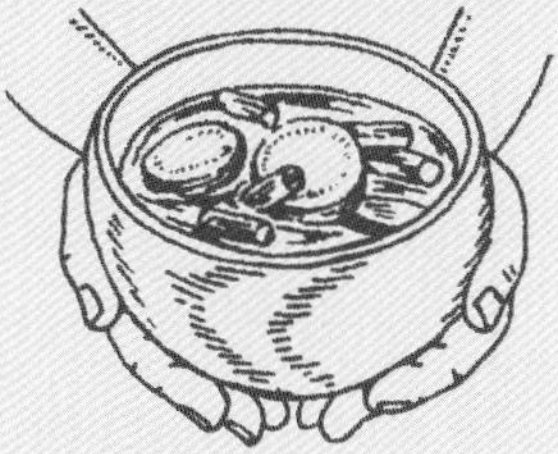

善 是要配合家人飲食喜好的味噌湯呢。

光 煮全家人的味噌湯時，比起自己的想法，對家人體貼的心意更為強烈。

善 但是與此同時，也可能會用昨天剩的蔬菜或吃剩的食物來煮。因為是家人，即使是這樣的味噌湯也能接受。

光 和煮來招待客人的客氣料理不同，煮給家人的味噌湯，是最能看出做菜的人表情的好湯。

煎蛋味噌湯

拿小平底鍋先做好煎蛋，再放入味噌湯中。嶄新的創意，爲日常味噌湯帶來另一種樂趣。水煮湯料，在湯裡溶入味噌，再把湯料煮到入味，這是一般的味噌湯。這時，將另起一鍋油煎的煎蛋放在已經盛入碗裡的味噌湯上，湯與湯料之間瞬間產生強烈對比，完成了具有新鮮感的味噌湯。這道「不一樣」的味噌湯，超乎想像地令人驚喜，也成爲日後想一再煮來吃的湯。西洋芹的香氣也是爲這碗湯加分的點綴。

基底味噌湯　昆布、水、赤味噌

湯料　煎蛋（蛋1顆、植物油2大匙）
　　西洋芹

先做好基底味噌湯，再放入煎蛋和西洋芹。

從這道味噌湯中學到的事

・**【煎蛋】** 打蛋，在平底鍋內放2大匙油後加熱，倒入蛋汁，煎至膨脹起來。煎好的蛋很大，可以對折後再放入味噌湯碗。這道菜能在很短時間內做好。

・煎蛋可以像這樣加在已有其他湯料的味噌湯裡，也可以放在炒飯上，做成煎蛋包飯（！）。

・做煎蛋的時候，可在蛋汁裡加入切碎的西洋芹或菇類、起司、魩仔魚等，做出各種變化。

・**【基底味噌湯】** 用小魚乾或昆布加水與味噌熬煮就完成了基底味噌湯。熬湯的材料也可以只單用昆布或單用小魚乾，或昆布小魚乾並用。小魚乾和昆布除了熬製高湯，還能直接當湯料吃。作法是在鍋中放入水、昆布或小魚乾，以偏弱的中火慢慢加熱後，溶入味噌。味噌選用自己喜歡的種類即可。

小黃瓜火腿味噌湯

小黃瓜的鮮綠帶來視覺饗宴。日本人餐桌上很少出現煮熟的小黃瓜，其實小黃瓜煮過之後口感柔軟，顏色鮮豔，最適合用在夏天的味噌湯中。搭配切得厚厚的火腿來煮吧。

基底味噌湯　水、赤味噌
湯料　小黃瓜、火腿

火腿切成適當大小，和水一起放入鍋中，煮滾後溶入味噌。小黃瓜削皮，另起一鍋熱水汆燙後加入味噌湯鍋，再繼續煮到入味。小黃瓜皮可切細後放入小碟子和少量味噌涼拌來吃。

從這道味噌湯中學到的事

・小黃瓜是夏季當令蔬菜。
・即使是小黃瓜這種司空見慣的食材，改成削皮煮熟吃，就能享用與當生菜沙拉時不同的美味。去皮的小黃瓜口感特別溫潤。
・削下的小黃瓜皮可切細涼拌味噌，很適合當下酒菜。

馬鈴薯、洋蔥與四季豆味噌湯

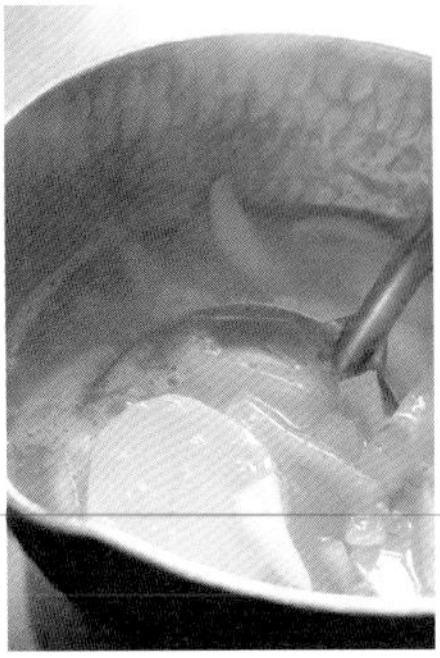

家庭常備食材馬鈴薯及洋蔥做成的味噌湯，是最常見的味噌湯口味之一。將馬鈴薯切成1公分左右片狀，就能在短時間內煮軟。雖說切成薄片的馬鈴薯一煮熟就很容易碎掉，但是碎掉也不等於煮失敗。甚至可以說，湯裡的馬鈴薯煮到碎掉還比較好吃。

多花點時間將馬鈴薯及洋蔥煮到軟爛散開，就成了味噌口味的濃湯。可以試著加些鮮奶油、奶油或起司。

最後加上汆燙過的四季豆，爲味噌湯增添鮮豔色彩。

基底味噌湯　水、麥味噌

湯料　馬鈴薯、洋蔥、四季豆

馬鈴薯與洋蔥放入鍋中後加水煮，煮到馬鈴薯變軟即可溶入味噌。再放進另外汆燙好的四季豆煮一下，使其稍微入味。

從這道味噌湯中學到的事

・**【蔬菜湯】**洋蔥和馬鈴薯是西餐中熬煮濃湯的基本蔬菜。西餐的湯基本上也是用水煮，不過會先用油炒洋蔥，加強鮮甜味。但是，想做出美味的湯未必只有這個方法。例如可以用油豆腐當湯料，加一點柚子胡椒等辛香料。想放起司也行，隨心所欲變花樣本來就是日常烹調的樂趣。就算水分太多，把味噌湯煮得稀了一點也不是什麼壞事。尤其在夏天，與其喝重口味的味噌湯，清淡一點的湯喝起來更美味。如果覺得不夠鹹，就加點醬油吧。

・汆燙過的四季豆顏色竟然這麼漂亮。既然如此，乾脆不要加入味噌湯，和芝麻一起做成涼拌菜也不錯。撒上焙煎過的白芝麻，滴幾滴醬油，這就完成了一道小菜。家母還會在涼拌芝麻四季豆加一點點砂糖。

汆燙豆芽菜味噌湯

另起一鍋熱水汆燙豆芽菜，放入味噌湯時依然保持清脆口感。汆燙豆芽菜的美味之處就在於新鮮。模仿拉麵店的作法，在這碗湯上放一小塊奶油也不錯喔。

基底味噌湯　昆布、小魚乾、水、赤味噌
湯料　汆燙豆芽菜（豆芽菜、鹽）

先煮好基底味噌湯，再加上汆燙豆芽菜。

從這道味噌湯中學到的事

・**【汆燙豆芽菜】**在鍋中將水煮沸，加鹽，放入豆芽菜。有時因為擔心豆芽菜煮過頭，結果太早起鍋，反而導致豆芽菜特有的青臭味殘留。汆燙豆芽菜的訣竅是要好好煮熟，不要只是過個熱水。所謂好好煮熟，就是連豆芽菜芯都熟透。雖然很難拿捏，不過只要好好煮熟，就能煮出好吃的汆燙豆芽菜。

・鹽的分量該怎麼抓？假設小鍋裡裝了六分滿的水，鹽的分量就差不多是三根手指抓起的一撮（約是1／3～1／2小匙）。這裡的鹽除了調味外，還能發揮滲透壓的作用，在短時間內煮熟蔬菜。這個作法所有蔬菜都適用，尤其在煮綠色蔬菜時特別有效。

蛤蜊味噌湯

春天到初夏是蛤蜊的當令時節，這時蛤蜊最是美味。貝類能熬出濃厚的湯頭，蛤蜊屬於海水貝，熬出的湯頭已自帶鹹味，味噌就可以少放一些。

基底味噌湯（2人份）　水2杯
赤味噌15g左右

湯料（2人份）　蛤蜊200g

把吐好沙的蛤蜊用互相摩擦的方式搓洗（蛤蜊殼出乎意料的髒，一定要仔細洗乾淨）。和冷水一起放入鍋中，以中火加熱。火不要太大，否則蛤蜊肉容易煮太老。殼打開就表示煮熟了，可一邊溶入少量味噌，一邊調整鹹淡。最後放點切細的蔥花。

從這道味噌湯中學到的事

・**【怎麼處理貝類】**蛤蜊等貝類食材，買回家料理時通常是活的。為了維持買回家的貝類生命，可先倒在大調理盤上，放入與海水相近比例的鹽水泡著，等待吐沙。吐完沙的貝類用沾濕的報紙包住，放在陰涼的地方等待烹調。（原則上）當天就要吃掉。除了蛤蜊，蜆仔和小干貝也是適合煮味噌湯的貝類。

・煮再久殼也不打開的貝類有可能已經臭掉，不要勉強打開來，最好直接挑出來丟棄。

油豆腐白菜味噌湯

煮到軟爛的白菜很好吃呢。加入油豆腐，湯的味道層次又更豐富了。記得要等白菜煮到柔軟之後再溶入味噌。

基底味噌湯　小魚乾、水、赤味噌
湯料　白菜、油豆腐

將白菜與小魚乾放入鍋中，加水煮開，再和油豆腐一起煮到軟爛。之後溶入味噌，再煮一下，直到湯料入味即可。

從這道味噌湯中學到的事

．油豆腐有厚的也有薄的，每個地方的油豆腐形狀及特色都有些不同。油豆腐頻繁使用於日式料理中的蔬菜料理。如果說魚與肉是西餐的主菜，油豆腐就相當於和食的主菜。顧名思義，油豆腐是高溫油炸過的豆腐，用來入菜時會釋出油脂，增添食物的鮮美。

．或許可以把油豆腐想成日本的培根。原本使用油豆腐的料理，也可以拿培根、豬肉或火腿香腸等來代替。只是，同樣都是釋出油脂的食物，油豆腐對身體最溫和。

菠菜雞肉味噌湯

在雞肉味噌湯裡加入菠菜。撒上黑胡椒做爲辛香料。雞肉可用豬肉、培根、油豆腐等各種食物代換。

湯裡的辛香料，日語稱爲「吸口」。香氣能帶來直達內心深處的刺激，食物裡的辛香料經常使人留下深刻印象。

基底味噌湯	水、赤味噌、白味噌
湯料	雞腿肉、小魚乾、菠菜
提味	黑胡椒

鍋中放入雞肉、小魚乾及人數分量的水，用中火加熱。煮滾後撈去浮渣，溶入味噌。最後放入另外汆燙好的菠菜。

從這道味噌湯中學到的事

・**【吸口・辛香佐料】** 吸口指的就是湯裡的辛香料。在懷石料理中，辛香料不可併用，只能選擇一項。所有想得到的辛香料都可以，黑胡椒、花椒、花椒果、芥子泥、柚子胡椒、醃漬辣椒、焙煎芝麻、海苔屑、青海苔粉、柚子、花椒嫩葉、鴨兒芹、切碎的茗荷、生薑泥、所有香草類、辛香料或沒人嘗試過的辛香食材，都能用來當吸口。不妨多方嘗試。

・**【把肉煮熟這件事】** 肉類（雞肉或豬肉）切成小塊，不但煮的時候熟得快，吃的時候也方便。雖然有人說肉加熱過度會變硬，其實那是想用大火在短時間內加熱才會變硬。只要知道這一點，肉先下鍋時不要開大火煮滾就好了。或者在湯汁煮滾後轉小火再下肉，讓肉慢慢燜熟即可。只要不用大火快煮，肉的組織不被破壞，就能煮出軟嫩的口感。

海帶芽蛋包味噌湯

只有蛋包和海帶芽的清澈味噌湯。把泡軟的海帶芽加入基底味噌湯，再加入用另一個鍋子做的水波蛋就完成了。

基底味噌湯　小魚乾、水、赤味噌
湯料　海帶芽、水波蛋

使用兩個鍋子。一個煮水波蛋，一個煮基底味噌湯。
在基底味噌湯裡放入海帶芽，盛入碗中後，再放上煮好的水波蛋。

從這道味噌湯中學到的事

・**【海帶芽】** 鹽漬的乾海帶芽先把鹽洗掉再泡軟。乾海帶芽也可以不泡軟直接放進湯裡。

・**【水波蛋的作法】** 先用另一個鍋子把水煮開（深度3公分左右）後轉小火，把蛋輕輕打進去加熱，就成了水波蛋（水煮蛋包）。有些食譜會教人在熱水裡加醋，因為醋有使蛋白質凝固的效果，能幫助蛋白煮硬。但是這麼一來，水波蛋的表面就會太硬，所以我不建議加醋。何況近年市售雞蛋鮮度提升，不容易煮破，實在不必加醋。

山藥味噌湯

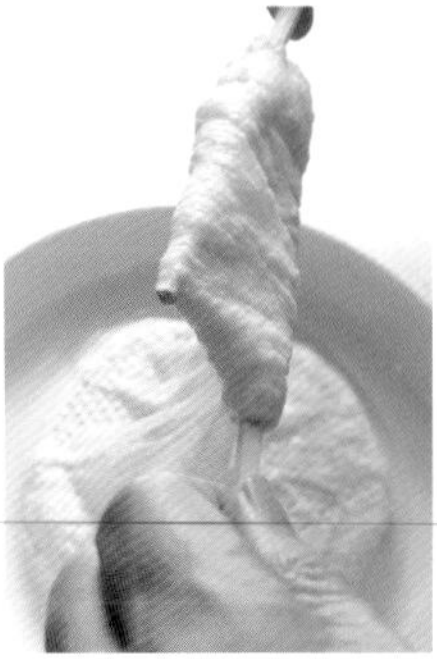

將山藥磨成泥，直接放入加了胡蘿蔔的基底味噌湯，稍微加熱。這樣就是一碗順口好喝，喝了令人通體舒暢的味噌湯。

基底味噌湯　小魚乾、水、赤味噌

湯料　山藥（日本山藥）、胡蘿蔔

日本山藥表面的毛可用火燒掉，就不必再削皮，直接拿來磨泥。討厭皮的口感或希望磨出純白山藥泥時再削皮就好。胡蘿蔔切成薄片，和小魚乾、水一起加熱，煮滾後溶入味噌。再次煮滾，放入山藥泥，一次放一人份。繼續煮5秒左右使食材入味，及時盛入碗中，享受溫熱的山藥泥。

這裡雖然選用赤味噌，不過其實山藥泥和白味噌也很搭。

從這道味噌湯中學到的事

- 山藥是能生吃的芋類。山裡天然生長的山藥叫「自然薯」，是秋天的美食。磨成山藥泥加在大麥飯裡就很好吃。
- 人工栽培的山藥有日本山藥、佛掌山藥、長山藥等不同種類。長山藥含有較多水分，黏度偏低。
- 食譜中提到「一次放入一人份山藥泥」，一人份要怎麼抓呢。將手充分沾濕，一次抓一把放入鍋內就是一人份。
- 磨好的山藥泥，拿兩根筷子轉動捲起，就能取得很乾淨。

餛飩皮與豬五花、白蘿蔔味噌湯

餛飩皮也可以用水餃皮取代。這裡是拿包剩的餛飩皮來當湯料。餛飩也是麵食，跟烏龍麵、麵線、義大利麵一樣的麵。因爲餛飩皮上沾了不少麵粉，做出的湯超乎想像的濃稠。肚子餓或天氣冷的時候，很適合來上這麼一碗，不過其他時候吃可能就會對胃的負擔有點重。配點七味辣椒粉或麻油，吃起來更涮嘴。

基底味噌湯　昆布、水、赤味噌

湯料　豬五花肉（薄片）、白蘿蔔、餛飩皮

豬五花肉切成一口大小，白蘿蔔連皮切成火柴棒粗細。

鍋中放入昆布和水，再加入豬五花及白蘿蔔後開火加熱。豬肉煮熟就可以溶入赤味噌，最後再放餛飩皮。

隨自己喜好撒點七味辣椒粉或滴幾滴麻油。

從這道味噌湯中學到的事

・**【白蘿蔔的切法】**

〔千六本切法〕切成火柴棒的大小。

〔拍子木切法〕切成免洗筷的大小。

〔千切法〕比千六本再粗一點。

・絞肉和蔥花做成的內餡，用餛飩皮包起來，邊緣沾水捏緊，就是真正的餛飩了。

・這道湯不一定要用餛飩皮，水餃皮、春捲皮、千層派皮都可以，就是用來取代麵條的概念。

地瓜味噌湯

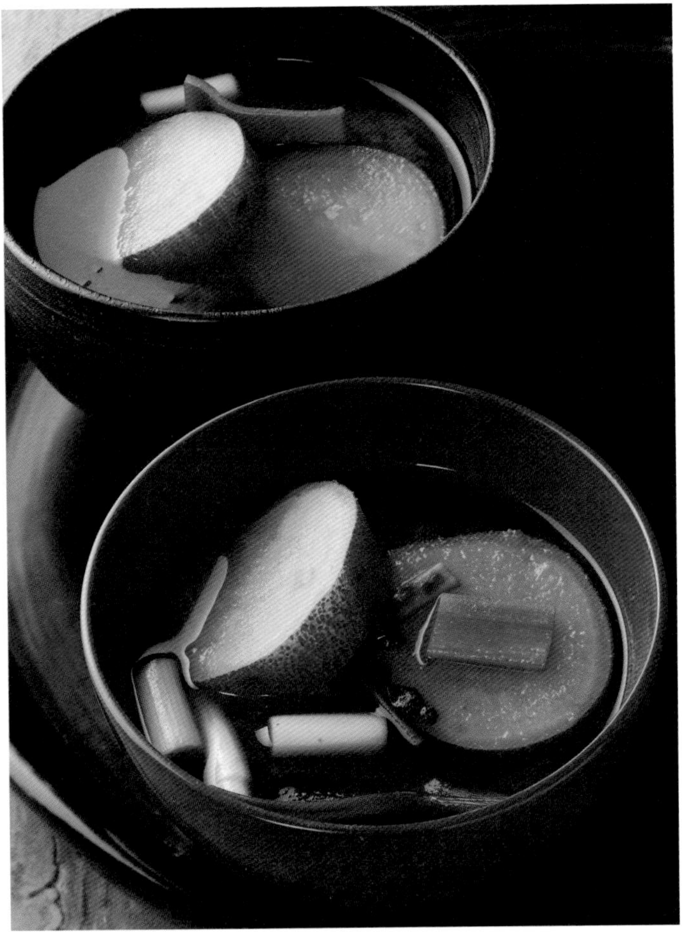

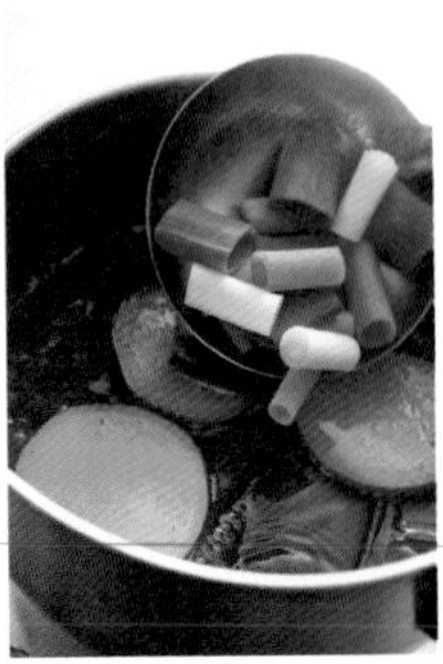

地瓜一年到頭都買得到，夏天即將結束時，剛收成的新鮮地瓜就開始上市了。

口感綿密的地瓜很好吃，口感鬆軟的也不錯。剛上市的地瓜顏色紅潤，讓人想連皮一起吃。不過，把皮全部削掉的地瓜吃起來更絲滑。要削皮、不削皮，有的地方削有的地方不削……各種作法都有。在味噌湯裡加烤地瓜好像也不錯。

基底味噌湯　昆布、小魚乾、水、赤味噌

湯料　地瓜、青蔥

理論上，煮芋薯類時最好切厚片，從冷水時就放下去煮。煮這道湯時，請把昆布、小魚乾也一起放進去吧。煮到地瓜變軟即可溶入味噌，最後放上幾根蔥段。

從這道味噌湯中學到的事

・關西人說「蔥」時，指的是青蔥，關東人的「蔥」則是白蔥。青蔥是經常拿來生吃的蔬菜，煮這道湯的時候，最後才把切成段的青蔥加進去，快速熱一下就可以吃了。甜甜的地瓜和青蔥很搭。

蜆仔湯與蜆仔鹹粥

蜆仔是生長於半鹹水湖及淡水的貝類，能熬出美味的湯頭又不會過鹹。煮蜆仔味噌湯用哪種味噌都可以，特別推薦摻了豆味噌的赤高湯味噌（調和味噌），和蜆仔是絕配。用貝類煮湯不難，且幾乎沒有人不愛。雖然不限於貝類，不過煮的時候注意火力不可太強，否則貝肉會縮小變硬。煮到貝殼打開，就可以溶入味噌。

基底味噌湯（2人份）　水2杯、赤高湯味噌30g
湯料（2人份）　蜆仔200g

蜆仔是淡水貝，買回來後用冷水浸泡吐沙即可（不必用鹽水）。吐沙後的蜆仔以互相摩擦的方式搓洗乾淨，和清水一起放入鍋中慢慢加熱。
吃的時候還是要仔細挑出蜆肉來吃。

【蜆仔鹹粥】

這是我很愛的一道鹹粥。先過濾蜆仔熬出的湯汁，再剝開貝殼、挑出蜆肉放在一旁備用。濾過的湯汁裡溶入赤高湯味噌，做成味噌湯。味噌湯加熱後放入冷飯，與蜆肉一起煮。煮到飯粒膨軟就可以舀進碗中享用了，吃的時候建議加點生薑。
做鹹粥的時候，白飯下鍋前可以先用水清洗，作用是洗去黏度，這樣煮出的鹹粥口感清爽，顆粒分明。不先清洗飯粒直接下鍋煮的鹹粥則口感濃稠，滋味醇厚。

竹筍蠶豆味噌湯

春天，用新鮮的竹筍與蠶豆來做這道味噌湯吧。「吸口」選用花椒嫩葉，味噌則使用赤味噌與白味噌混合的調和味噌。如何？是否已經感受到淡淡的春意了呢？

基底味噌湯　昆布、水、赤味噌、白味噌
湯料　新鮮竹筍（事先水煮）、蠶豆、花椒嫩葉

鍋中放入昆布、水、水煮過的竹筍，以及用刀劃開一個切口的蠶豆，慢慢加熱後溶入味噌。味噌使用的是赤味噌比例少、白味噌比例多的調和味噌。

將湯盛入碗裡，放上花椒嫩葉。花椒嫩葉等辛香食材在日本料理中稱為「吸口」（可參考 P93）。

從這道味噌湯中學到的事

・**【生竹筍怎麼煮】**剛挖出的新鮮竹筍清洗過後，大致剝除外圍的皮。體積太大放不進鍋子的竹筍可把尖端先切掉。大鍋裡裝水，放入竹筍後開火加熱，像溶入味噌一樣溶入米糠，再放進兩根紅辣椒，最後蓋上落蓋*。煮滾時濃稠的米糠汁可能會噴出來，請小心調整火候。水滾後約煮一小時，熄火放涼。放涼後的竹筍即可把皮剝除乾淨，浸泡冷水去除浮渣和澀味。冰入冰箱冷藏時請放在裝水的容器中，水要蓋過竹筍。

・蠶豆煮之前先用刀劃開一個切口比較容易煮熟（用鹽水煮的時候也一樣），也方便食用。煮好的鹽水蠶豆不用泡水，放在簍子裡沖水降溫（不再冒出燙手蒸氣的程度即可）。

*日式料理中常見的烹調手法。落蓋是一個比鍋面略小的蓋子，可直接覆蓋在食物上，用意是防止煮汁太快蒸發而導致燒焦。

豆腐茗荷味噌湯

豆腐味噌湯四季皆宜，但只要像這樣放入茗荷，立刻搖身一變爲夏天的湯。盡情使用當令食材是一件好事。如果到了冬天，則一定要來上一碗放了鴨兒芹和黃柚子皮當吸口的湯。春天的話就是花椒嫩葉了。以上這些都是日本的香草。

基底味噌湯　小魚乾、水、赤高湯味噌或豆味噌
湯料　絹豆腐、茗荷

用小魚乾熬基底味噌湯，溶入深色的赤高湯味噌或豆味噌。以大湯匙舀起豆腐放入鍋中，小火慢慢加熱。這時候水也不要煮太滾，煮出的味道才會比較好。
煮好盛入碗中，撒上滿滿切碎的茗荷。

從這道味噌湯中學到的事

・**【茗荷怎麼切】**茗荷直著切叫「千切」，橫著切叫「輪切」。這道味噌湯食譜裡的茗荷是對角斜切，一邊轉動茗荷一邊切。跟切牛蒡時一邊轉動一邊切的手法一樣。隨興任意的切法讓食物看起來更好吃。

・**【夏季的味噌湯】**切碎的茗荷可以享受到香氣與清脆口感，最後再放進湯裡蘸個味道就好。露天栽培的小株茗荷差不多八月開始上市，這種體型偏小的茗荷也可以不切，整株放進湯裡煮軟就很好吃。

里芋泥與油豆腐皮味噌湯

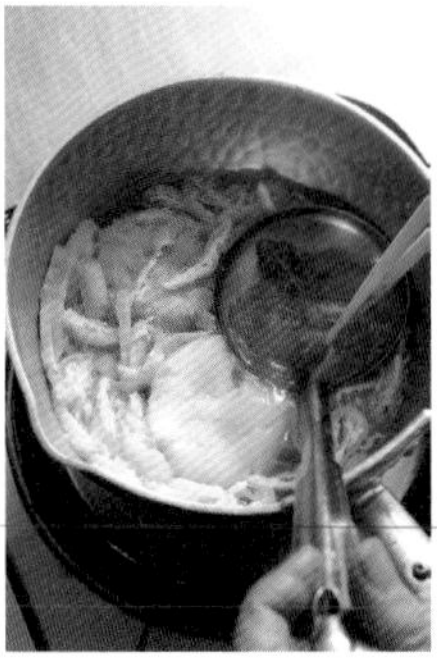

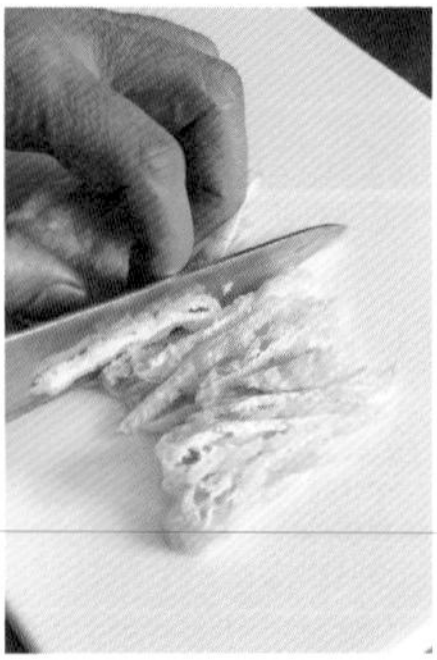

和食裡的芋頭多半指的是里芋（日本小芋頭）。日本人吃里芋的歷史遠早於稻米。

這裡的里芋泥，是將去除表面泥土的里芋煮到柔軟後剝皮，用廚房紙巾或布巾包起，用力捏到半爛。捏成半爛的泥狀芋頭能充分吸收湯汁，不覺得光是這樣就很美味了嗎。

基底味噌湯　小魚乾、水、白味噌、赤味噌
湯料　水煮里芋、油豆腐皮

將油豆腐皮切成細條，和里芋泥一起放入基底味噌湯。芋頭涼掉後會變硬，放在味噌湯裡重新慢慢加熱，連中間都要煮到透，這樣才會回軟。加入白味噌，煮出的味噌湯帶點濃稠與甘甜。芥子泥或七味辣椒粉都是適合搭配這道湯的「吸口」辛香料。

從這道味噌湯中學到的事

・**【里芋怎麼煮】**洗掉里芋表面的泥土，放入鍋中，加入剛好蓋過里芋的水，煮至變軟為止。水滾之後再煮25分鐘左右應該就會變軟了。煮好撈起里芋稍微放涼至不冒燙手熱氣，口感就很綿密了。

・煮到柔軟的里芋光是蘸味噌就很好吃。還可以裹上麵包粉，炸成可樂餅。小里芋做成的可樂餅很適合蘸與蔥花混合的味噌醬。

煮好的里芋撒上太白粉慢慢油炸，蘸混了白蘿蔔泥的天婦羅蘸醬也很好吃。無論怎麼吃，最重要的是捏里芋泥的時候要用力捏緊，這樣煮起來才會入味好吃。

醃漬酸白菜味噌湯

拿酸味十足的醃白菜來當味噌湯的湯料會非常好吃。加點醋或辣油，發酵食品的鮮甜令人想起台灣料理中的酸辣湯。

基底味噌湯　小魚乾、水、赤味噌

湯料　醃漬白菜（要醃得夠酸）、黑木耳（乾木耳泡水變軟）、白蘿蔔

提味　醋、辣油

在小魚乾熬的基底味噌湯中加入白蘿蔔和黑木耳繼續煮，快煮好時放入醃白菜，再稍微加熱一下，就可以盛入碗中。白菜醃漬的酸度、發酵程度與用量的不同，都會改變煮出的味道。享用的時候可以視喜好加醋或辣油，調整出自己喜歡的口味。

從這道味噌湯中學到的事

・**【用醃漬食品做味噌湯】**用醃白菜、辛奇、米糠漬菜、榨菜等長時間醃漬的食品加入味噌湯，能做出其他食物無法創造的滋味。醃漬食品本身已有鹹味，如果擔心太鹹，煮之前可以先切成一口大小，短暫泡水去鹽即可。需要注意的是，不要用沖水的方式去鹽，否則會連醃漬物本身的甜味都去掉。

辛奇味噌湯，適合搭配南瓜或小黃瓜。

味噌湯是維持健康均衡的關鍵

土井善晴

我認為餐餐最好都有味噌湯，因為味噌湯實在是很優秀的「調和料＊1」。當身體缺乏什麼的時候，「調和料」能為我們補足，保持不偏向任何一方的平衡。「調和」——保持協調是最重要的事，無論人類或地球皆是如此。第一個提倡味噌湯是「調和料」的人，是醫師秋月辰一郎。我讀了他的書，受他書寫的態度折服，也這麼相信了。秋月醫師是長崎原爆的受害者，從小體弱多病，他的姊妹也身體虛弱，長年臥床。為了克服自己體弱多病的體質，他立志成為醫師。秋月先生在專心治療的過程中，發現即使同為原爆受害者，有些人不治過世，有些人之後活了下來。此外，同樣的藥物對有些人有效，對另外一些人卻無效。成為醫師後，他從各種角度調查上述差異，深入研究，最後得出結論，發現食物在當中扮演了重要的角色。他認為「體質即食物」，體質一方面是天生，另一方面也由日常生活累積而成。打造良好體質的環境除了陽光和清新空氣外，對人類影響最大的環境，莫過於「飲食環境」。他調查許多病患的飲食習慣，發現「有喝味噌湯習慣」的人即使患病也不容易演變為重症；同樣的藥物，在「有喝味噌湯習慣」的人身上能發揮更大的功效。於是，他確信味噌是維持健康均衡的「調和料」，秉持此一信念，秋月醫師肯定味噌的效能，認為「味噌是日本人健康的關鍵」。他將研究成果以平易近人的文字寫成《體質與食物》一書，並將味噌的效果推廣於全世界。聽說後來車諾比核災時，大量味噌從日本輸送到歐洲＊2。

＊1 引用自《體質與食物》，秋月辰一郎著

＊2 引用自《日本貿易月報》（財務省發行）。一九八六年一月至十月，法國、德國的味噌進口量為前一年的兩倍，比利時的味噌進口量更是前一年的五倍之多。

第三章 配菜的味噌湯

善　味噌湯也可以與配菜做搭配呢。

光　不用煮好幾道配菜，只要有一碗味噌湯，餐桌上看起來就有模有樣。

善　漢堡排配番茄味噌湯，很不錯吧。

光　跟朋友叫外送披薩時，我隨便煮了簡單的味噌湯，結果還滿受好評的喔。另一個朋友則是做了生菜沙拉來搭配。

善　和外面買回來的食物也能搭配，這就是味噌湯的有趣之處。思考怎樣的味噌湯能將主食襯托得更好吃，也是一種樂趣呀。

燒賣便當與
豆芽菜味噌湯

好像不少人會將車站便當當伴手禮買回家享用呢。如果想要一點口感清脆的食物搭配，可以先煮好基底味噌湯，再另起一鍋汆燙豆芽菜與芹菜葉，加入味噌湯裡吃。

作法請參考 P87

肉包與油菜花味噌湯

如果去橫濱必買的是燒賣便當，那麼大阪的土產便當就是肉包了。在味噌湯裡加上冬季上市的新鮮油菜花吧。炒過的油菜花加入基底味噌湯，既嘗得到春季蔬菜特有的苦味，顏色也鮮綠好看。

作法請參考 P122

漢堡排與
番茄味噌湯

西餐往往需要爲了主菜的肉類料理準備配菜，聽起來好像會很費工夫。可是，如果只要製作漢堡排就好，瞬間就會改變想法，覺得「怎麼其實滿輕鬆的嘛」。

作法請參考 P122

炒飯與
洋蔥味噌湯

利用炒飯備料切菜的時候，先把洋蔥切片，放入小鍋裡，和水及小魚乾一起加熱，就是這麼簡單。炒飯的時候，另一口爐上的湯也煮得差不多，最後溶入味噌就完成了。

作法請參考 P122

三明治與
加了牛奶的味噌湯

三明治配味噌湯？可能還是會有人對此感到驚訝吧。把味噌湯裝進咖啡歐蕾專用碗裡，馬上變時髦了。在基底味噌湯中加入牛奶，做成溫熱的蔬菜湯。用做生菜沙拉的心情來做味噌湯。

作法請參考 P122

外帶壽司與
滑菇豆腐味噌湯

壽司店常把魚頭魚骨等部位跟赤高湯味噌一起拿來煮湯。赤高湯味噌有豆味噌的澀味，口味比較不甜，很適合搭配握壽司。

作法請參考 P123

拿坡里義大利麵與
玉米香腸味噌湯

煮拿坡里義大利麵的訣竅，是要讓鍋裡的番茄醬煎煮一下。光是多這一個步驟就會特別好吃。因為拿坡里義大利麵一定要有香腸，香腸也同時用在味噌湯裡，和用菜刀削下的玉米粒一起煮。

作法請參考 P123

生菜沙拉與
蛤蜊味噌湯

從春天到初夏，是生菜沙拉裡的葉菜類（沙拉菜、芝麻葉、苦苣等）賣相最美又最好吃的時節。正好和蛤蜊最美味的季節重疊。來自大海的當季食材與大地上的當季食材齊聚一堂，就是這個季節了。

作法請參考 P89

油菜花味噌湯

〔材料〕油菜花、油、
基底味噌湯（小魚乾、水、赤味噌）

〔作法〕油菜花切成方便食用的大小。鍋中放少許油，以煎炒的方式輕炒油菜花。另準備「基底味噌湯」，溶入赤味噌後裝入碗中，放上炒好的油菜花。

番茄味噌湯

〔材料〕番茄、
基底味噌湯（昆布、水、白味噌、赤味噌）

〔作法〕鍋中放昆布、水和切成大塊的番茄，以偏弱的中火加熱。煮到番茄變軟即可溶入白味噌與赤味噌。白味噌的甜味和番茄的酸味搭配得恰恰好。

洋蔥味噌湯

〔材料〕洋蔥、
基底味噌湯（小魚乾、水、赤味噌）

〔作法〕洋蔥以環狀方式切片，一開始就和小魚乾、水一起放入鍋中加熱。洋蔥煮熟後即可溶入赤味噌。

加了牛奶的味噌湯

〔材料〕綠花椰菜、洋菇、牛奶、
基底味噌湯（小魚乾、水、赤高湯味噌）

〔作法〕鍋中放入小魚乾、水和切成一口大小的綠花椰菜、切成薄片的洋菇，以偏弱的中火加熱。等蔬菜類都煮熟，即可溶入赤高湯味噌，並倒入牛奶加熱。
牛奶的比例是基底味噌湯1杯：1／4杯牛奶。

滑菇豆腐味噌湯

〔材料〕滑菇、絹豆腐、基底味噌湯（昆布、水、赤高湯味噌）

〔作法〕若買來的是整株的滑菇，先切掉根部後簡單沖洗。鍋中放入昆布、水、豆腐與滑菇一起加熱。豆腐熱了即可溶入赤高湯味噌。豆腐下鍋前先切成四方形塊狀。可切成小塊的骰子狀，也可切大塊一點。請視手邊豆腐的軟硬度決定切的大小。

玉米香腸味噌湯

〔材料〕玉米、西式香腸、基底味噌湯（昆布、水、赤味噌）

〔作法〕先用菜刀削下玉米粒。鍋中放入昆布、水和對半切的香腸及玉米，以偏弱的中火加熱。煮到玉米熟了就可以溶入赤味噌。

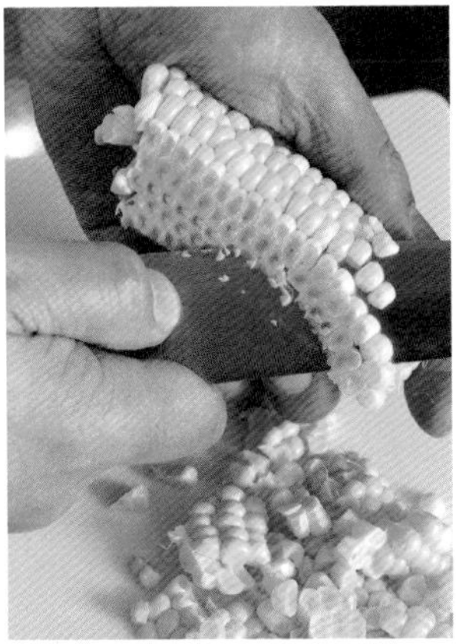

避難所的味噌湯（上）

土井善晴

大地震、超級颱風、史無前例的豪雨……近年來，這類天災事故愈來愈多。受災地區的民眾被迫暫時在體育館等避難所生活。二〇二〇年七月，新冠病毒疫情中的熊本縣因梅雨長期滯留，導致破紀錄的連續豪雨肆虐。建築家坂茂先生前往受災地區為避難所中的民眾搭建維護隱私的隔板時，聯絡我說：「避難所生活時間拖太久了，當地居民最想要的是吃到溫熱的食物。你能不能幫忙想想辦法？」我立刻趕到機場，打算搭機前往支援。沒想到，就在這時接到當地市政府聯絡，表示因為疫情的關係，目前無法開放進入。當時聽說有足夠的食材，我原本想和當地的受災民眾一起煮味噌湯。因為受災者的食物通常無法自己決定，多半只能吃冷藏保存的調理包食品。沒想到無法順利前往，在無計可施的狀況下，心情真的非常鬱悶。

◉如果不是習慣烹飪的人，要使用強大火力，用大型鍋具一次煮幾百人份的餐食是很危險的事。不但必須耗費很多時間，對烹飪者本身也會造成很大的體力負擔。大量烹調之所以這麼困難，是因為伴隨著過敏原或異物混入食物裡等各種食安風險。因此，我便錄製了一次只製作十人份味噌湯的解說影片，傳往當地。

◉「避難所的味噌湯」製作方法

用手邊有的（免洗）碗裝十碗份的湯料和十碗水，放入鍋中煮開，溶入適量味噌，這樣就完成了。溶入味噌後，還可以拿這鍋湯來煮「味噌烏龍麵」或加入冷飯熬「味噌鹹粥」。有麵粉的話，也可以揉麵團做「麵疙瘩」。在味噌湯裡加入碳水化合物，吃起來會更有飽足感。↓後半接續 P166

第四章
四季的味噌湯

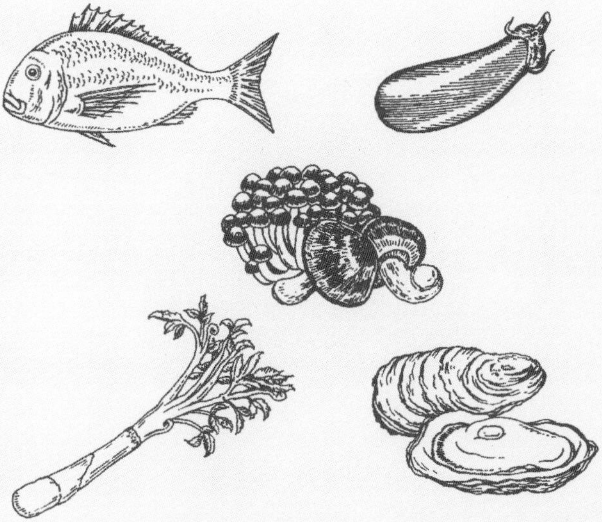

善　用當季食材煮的味噌湯，果然以鄉土、地方料理居多呢。

光　因為故鄉的料理，往往取決於當地的氣候與風土呀。

善　使用當季食材的在地味噌湯，或許是與食材連結最深的料理。

光　比方說，很多人以為「豚汁」（家常豬肉湯）只能放固定的湯料，其實只要有豬肉就是豬肉湯，透過湯裡蔬菜的變化，充分感受到季節的不同。配合季節變換食譜也很有趣呢。

春

竹筍與海帶芽味噌湯

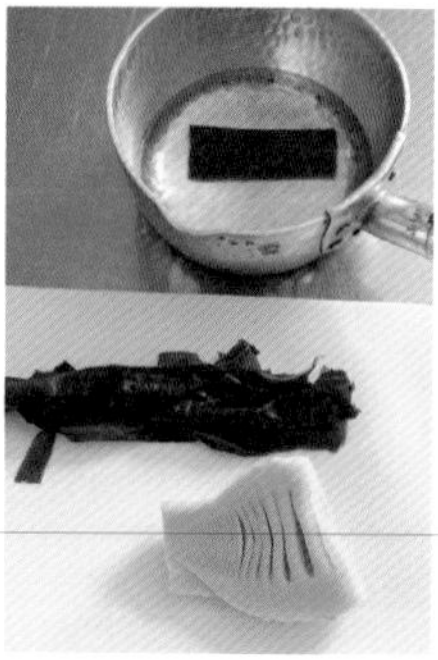

春天不只降臨山野，也會來到大海裡。魚攤上擺出了新上市的新鮮海帶芽。咖啡色的外觀，不知道的人或許認不出來，問問魚攤的人就知道了。咖啡色的新鮮海帶芽燙過之後，就會變成漂亮的綠色。可切碎加醋做成涼拌菜，或是直接炒來吃。當然，加進味噌湯也非常美味。只要有春天新鮮的海帶芽，即使不放竹筍，也能做出一道屬於春天的味噌湯。

材料

鹽漬海帶芽、水煮竹筍、

基底味噌湯（昆布、水、白味噌、赤味噌）

作法

鹽漬海帶芽沖掉鹽分泡軟，切成方便食用的大小。鍋中放入昆布和水加熱，放入竹筍，再溶入味噌。最後加入海帶芽煮滾後立刻熄火，放置一下等待入味即可盛入碗裡享用。

烹調時的重點

· 海帶芽的水分要瀝乾再放入湯中，否則會令味噌湯稀釋變淡。此外，已泡軟的海帶芽如果一次用不完，剩下的也要盡可能擠乾水分再放入冰箱。

· 海帶芽味噌湯可加一些乾炒過的柴魚片，增添香氣吃來更美味。

蕨菜味噌湯

蕨菜是山林間天然生長的山蔬野菜。只要是有適當光線，通風良好的地方，通常都能生長。可以請熟悉大自然的朋友教自己怎麼採山蔬，和住在山裡的老爺爺、老奶奶交個朋友吧。在都市成長的我，認識他們之後才知道自己什麼都不懂。

日本俗諺說「春天就要吃苦」，山蔬的苦味，就是具有調整體質作用的藥膳。

不過，蕨菜澀味很重，無法直接吃。帶回家後要先做去除澀味的處理。處理過的蕨菜可以做醬泡蕨菜、滑蛋蕨菜、炒蕨菜，當然也可以當味噌湯的湯料或蕎麥湯麵的配料，加入米飯裡做成炊飯應該也很好吃。

材料

蕨菜（已去除澀味）、

基底味噌湯（小魚乾、水、赤味噌）

作法

鍋中放入小魚乾和水加熱，用研磨缽將蕨菜輕輕碾壓後加入鍋中，溶入味噌，煮到入味即可。

烹調時的重點

・**【生蕨菜如何去除澀味】**清洗之後撒上適量的稻穀灰（沒有稻穀灰可用小蘇打粉代替），放進調理用的大方盤，淋上熱水（高度要能蓋過食材）加熱。接著就放置等待冷卻。放涼之後沖掉稻穀灰，把蕨菜浸在冷水中（順便洗去浮渣），冰進冰箱備用。

・蕨菜尖端捲起長鬚的部分可剪下，切碎後用味噌涼拌。

鯛魚頭骨味噌湯

魚也有當令的季節。鮮魚最好吃的季節與產卵前魚體最豐滿的季節正好一致。這也是鯛魚最美味的季節。春天的鯛魚有著櫻花般的粉色，稱爲「櫻鯛」，秋天的鮭魚則稱爲「紅葉鯛」。多麼有情調啊，眞是可喜可賀*。

鯛魚眼珠和眼眶周圍的肉、鯛魚嘴唇、鯛魚頭、鯛魚骨邊的肉都可以啃。日語中稱這些部位爲「魚粗」。

各位知道嗎？鯛魚胸鰭裡有個名爲「鯛中鯛」的魚形肋骨。聽說在碗裡看到這個部位就會發生令人開心的好事喔。

材料（約3～4人份）

鯛魚粗300g、水3又1／2杯、
赤味噌50g、青蔥適量

作法

將魚頭、魚骨等「魚粗」放入鍋中，按人數加入足夠分量的水，以大火煮滾，仔細撈除浮渣。慢慢將火轉小，靜靜熬煮5～6分鐘。溶入味噌再煮一會兒使食材入味後即可盛入碗中。最後撒點青蔥花點綴。

烹調時的重點

・**【處理魚粗的前置作業】**去魚攤買魚粗時，可以先跟老闆說是要拿來煮味噌湯的，請老闆幫忙切成放得進湯碗的大小。買回家後，將魚粗丟進煮滾的熱水中，煮到變色再泡進冷水，用清水沖洗掉魚鱗和血塊等髒污。如果還沒有馬上要煮來吃，就必須徹底擦乾再放進冰箱冷藏。將水分擦乾是保持新鮮度的關鍵。

*鯛魚的諧音。

山當歸湯

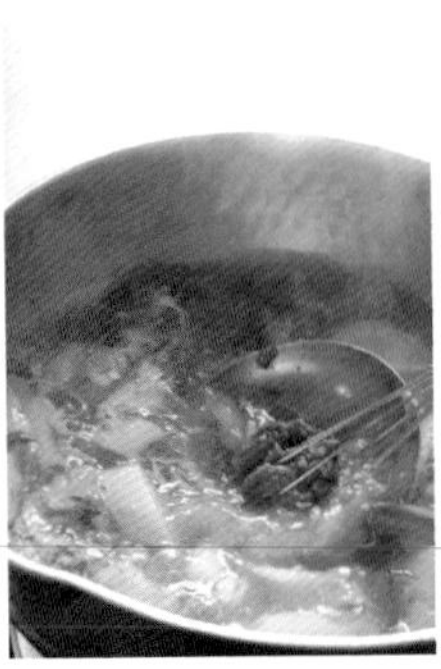

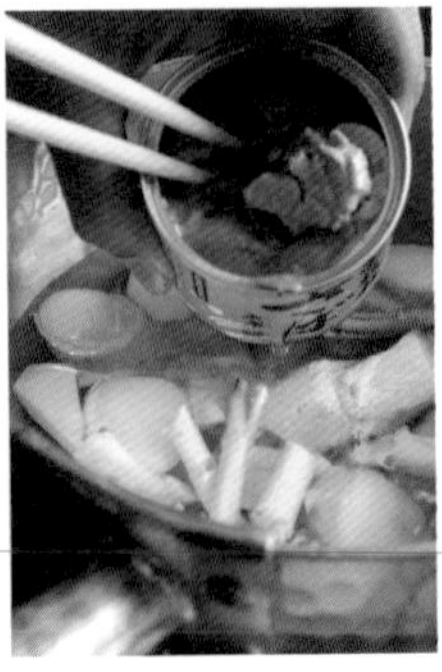

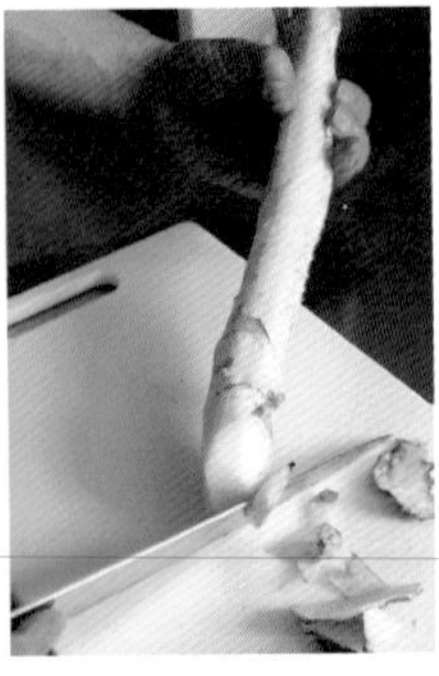

春天去爬山時，經常能發現山當歸。把帶上山的鯖魚罐頭與斜切成段的山當歸放進鍋裡水煮，就是一道好喝的湯。山當歸這種帶點澀味的山蔬，與鯖魚罐頭堪稱絕配。這是在山裡長大，最喜歡山林的新潟朋友教我的作法。

一到山當歸的季節，地方上的市場就陸續看得到山當歸了。有時都市裡的超市也能買到栽種在田裡的山當歸。

材料（約4人份）

山當歸1根（約270g）、鯖魚罐頭1罐（約200g）、水3杯、赤味噌50g

作法

除了根部像樹根一樣的地方削掉不吃之外，山當歸整根都可以食用。斜切成段，和水一起放入鍋中，鯖魚罐頭連醬汁一起加入，用中火加熱。煮到山當歸稍微變軟爲止。確認山當歸變軟後，溶入味噌，再煮一會兒等待入味。一般來說，山當歸大概需要煮10分鐘，如果想要更軟的口感，就再煮久一點。

烹調時的重點

・一次可以多煮一些，多的隔天重新加熱後，淋在水煮蕎麥麵上吃。這種把燉煮了山蔬或大量蔬菜的湯汁淋在蕎麥麵上的吃法，在長野縣稱為「御煮掛」。

夏

夏季蔬菜蛋花味噌湯

味噌湯當然也可以搭配西式料理一起吃，這是一道可以用湯匙享用，宛如蔬菜湯般的味噌湯。以美觀爲優先，選擇色彩繽紛的夏季蔬菜，切成骰子狀，光是這樣就很漂亮了。切著切著，不由得開心了起來。如果吃的是遲來的早午餐，不妨打顆蛋進去。如果吃的是提早一點的晚餐，配小塊牛排好像很不錯。各位差不多也該理解到，就算只是一碗味噌湯，只要花費心思就能享受各種美食的樂趣。

材料

茄子、秋葵、小番茄、玉米、冬瓜、小黃瓜、黃椒、紅椒、櫛瓜、番茄等（各種自己喜歡的蔬菜）、蛋、

基底味噌湯（昆布、水、赤味噌、白味噌）

作法

可以直接把切好的蔬菜加入「基底味噌湯」，或是用油先炒過蔬菜，加入水裡，最後溶入調和好的味噌，再打顆蛋。

烹調時的重點

・在吃這道湯的時候，每個人可以調整自己碗中味噌湯的口味。看是要滴幾滴橄欖油，還是撒一些粗胡椒粒，或是磨些起司粉下去，也可以沾麵包吃。隨個人喜好做變化，慢慢享受喝味噌湯的時光。

在味噌湯上花費的這些心思，在日後烹飪時都會派上用場。

味噌冷湯

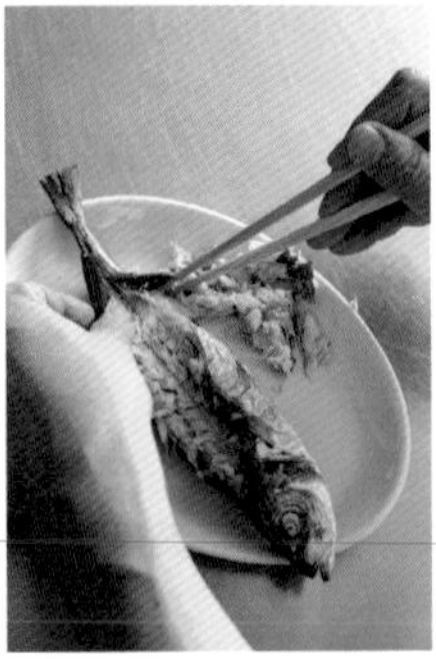

冰塊漂浮在湯裡，一邊聽著冰塊撞擊的清涼聲響一邊享用，在夏天熱到沒食慾的時候，有這麼一碗湯就沒問題了。這碗味噌冷湯加了烤竹莢魚、豆腐和醃漬小黃瓜。口味雖然清爽，不過放了營養價值高的芝麻醬，讓吃的人活力滿滿。很適合搭配加了押麥*的古早味大麥飯一起吃。淋在飯上吃也不錯喔，不妨多煮一點。

材料（約4人份）

板豆腐200g、鹽烤竹莢魚1隻（180g）、小黃瓜1條（鹽1／2小匙）、芝麻醬30g、赤味噌20g、冰水2杯

作法

【醃漬小黃瓜】小黃瓜切片，加入1／2小匙的鹽，變軟後擠掉水分。

【鹽烤竹莢魚】新鮮竹莢魚刮去鱗片、去除魚鰭和內臟，擦乾水分（也可以請魚攤幫忙處理清洗）。抹鹽後烤至焦香。烤好的竹莢魚，一手拿筷子一手直接抓著，就能把魚刺清除得很乾淨。直接用手摸，清楚確認是否還有魚刺殘留。

【使用研磨缽】在研磨缽裡放入板豆腐、剝下的魚肉、醃漬小黃瓜、芝麻醬和赤味噌。以研磨棒搗磨幾下，使食材混合後，一邊加冰水，一邊調整爲適合喝的濃度。完成後，可以整缽端上餐桌再分裝。如果家裡沒有研磨缽，直接在鍋子裡搗磨也可以。

*將蒸過的大麥碾壓而成。

竹莢魚生魚片與魚頭魚骨味噌湯

使用完整一條魚的一道菜。

會釣魚的人，應該大多會自己殺魚吧。剛釣上的魚最新鮮，當然也最好吃了。在魚攤買魚時，請店家幫忙殺好之後，請把剔除的魚骨也要來。魚骨可用來熬湯，整隻魚都能善加利用。要不然，一隻魚有半隻都被丟掉了。能拿來做生魚片的，只占一隻魚總量的一半。剩下的若當成垃圾（？）丟掉的話，豈不是太可惜。

材料

竹莢魚的「魚粗」（魚頭、魚骨等部位）、豆腐、水、赤味噌、青蔥

作法

竹莢魚頭及魚骨放入鍋內，加水後開火。熬煮的時候，如果水分比例過大，湯頭就會太淡，請按照人數計算加入水分。如果魚頭魚骨太少，可加入昆布補足味道。以中火加熱至水滾後，撈掉浮渣，再煮2～3分鐘，用篩勺舀起魚粗。用杓子將豆腐放入魚湯，慢慢加熱。溶入味噌，煮到入味，撒上青蔥。

【蓴菜味噌湯】撈掉魚粗後，在熬好的湯頭裡溶入味噌，加入蓴菜。蓴菜與赤高湯味噌很搭。蓴菜出現在市面上的時間大約是五月到七月，昂貴的小株蓴菜多半被餐廳收購，市面上可買到的蓴菜比較大，也比較便宜，口感扎實又好吃。煮法是先快速過熱水後再泡冷水，要吃之前再放入碗中，最後倒入熱湯。

茄子與麵線味噌湯

麵線不用先煮，直接折成兩半放進湯裡。等麵線軟了再溶入味噌。夏天的麵線經常搭配田裡剛摘下的茄子。由此可知，從前的人都是「手邊有什麼」就煮來吃。

材料

麵線（1人份約1/3把）、茄子、

基底味噌湯（昆布、水、赤味噌）

作法

鍋中放入昆布與水。茄子切片後快速泡水撈起，加入鍋中。煮滾後放入折半的麵線，將麵線煮軟。由於麵線本身帶有鹹味，可溶入比平常少量的味噌。這裡的基底味噌湯使用昆布熬製，也可以換成小魚乾。

烹調時的重點

・把麵線當湯料的味噌湯。這裡的麵線不先煮過，直接放進湯裡煮。最棒的是，茄子和麵線都是快熟快軟的食物，炎熱夏天不用站在爐火邊太久也能煮好這道味噌湯。

冬瓜味噌湯

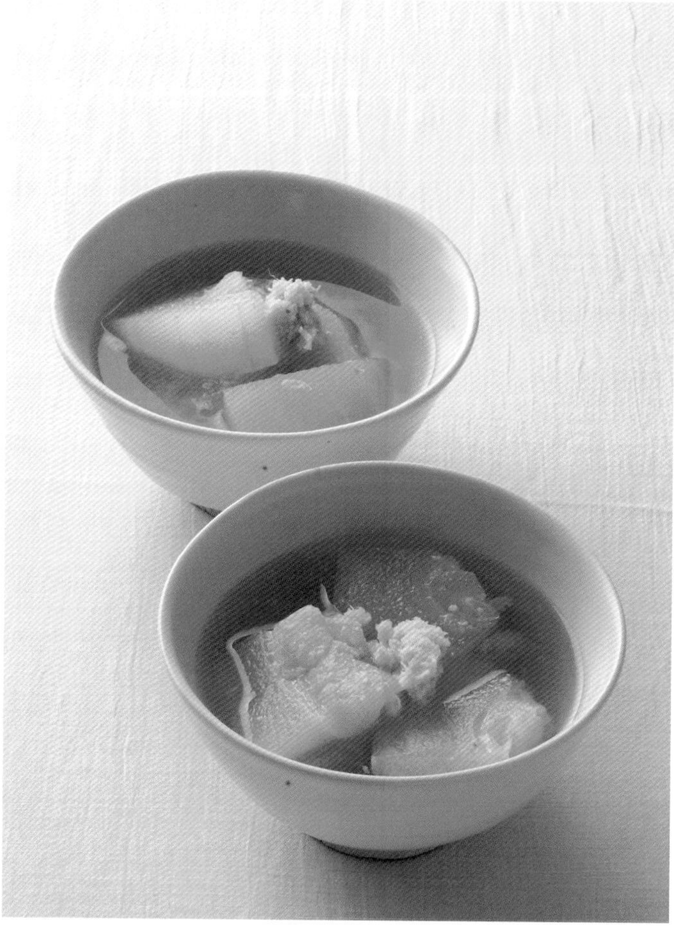

吃這個季節買得到的食物，就是吃當令食材。每次吃到當季的食物，就會有「又過了一年，又來到這個季節了呢」的感覺。只要基本上都吃當令食材，即可建立一整年的節奏，身體自然會想起重要的是什麼，失去的東西也比較少。

冬瓜是最近很受歡迎的食材，以前要等到夏季尾聲，身體因暑氣而疲憊時才會看到冬瓜上市，現在往往還未進入夏天，就能在超市裡買到了。

材料

冬瓜、生薑泥、

基底味噌湯（昆布、水、赤味噌）

作法

冬瓜買來後，切成半圓形，削掉厚皮，瓜肉以水煮至柔軟後放置備用。冬瓜比想像中的苦，煮好的冬瓜先泡冷水，撈去浮渣去除澀味後再送入冰箱冷藏。煮的時候拿出來放入昆布高湯直接加熱，再溶入味噌即可。這裡選用了赤味噌，也可以改用甜度較低的赤高湯味噌。或可加入大量生薑提味。從以前到現在，覺得快要中暑的時候，人們就會煮勾芡冬瓜來吃，有消除暑氣的功效。這種時候也會加入大量生薑。

烹調時的重點

・冬瓜皮厚，烹調前要先切掉。以前的人會連種籽和纖維都去除，最近我全部都留著一起煮，因為蔬菜種籽周圍和魚骨周圍一樣，都是美味又具有營養價值的部位。只需要去掉口感粗硬的部分就好，或者吃的時候剩下不吃也沒關係。

・冬瓜切成1公分厚度，直接下中式炒鍋用油炒，切成一口大小跟肉一起炒或燉煮都很美味。甜甜鹹鹹的調味很下飯。

菇菇湯

秋

秋天是森林的季節。和當地人一起入山採菇類，在山上煮了這道菇菇湯。帶著鍋子、卡式瓦斯爐和已切塊的雞肉和茄子上山。據說秋茄澀味重，正好可以抵銷菇類的毒，真像一道魔法料理。牛肝蕈、蜜環蕈、栗茸……菇類加熱後，蕈傘會縮小，所以一次要放一大把。出發前先在木盒便當裡裝好白飯，配菇菇湯可吃下兩、三碗。

用市面上買得到的菇類也可以做這道湯，以下介紹食譜。

材料

滑菇、香菇、金針菇、舞菇、鴻喜菇等（任何自己喜歡的菇類都行）、茄子、雞腿肉、水、赤味噌

作法

鍋中放入水，開火加熱後，加入大量菇類、雞肉和茄子，全部一起放進去。水煮滾後撈去浮渣，溶入味噌，再稍微煮一下。

烹調時的重點

・山上採來的菇類還附有沙土，切掉根部較硬的部位後，剩下的用清水洗幾遍。市售菌床培養的菇類沒有土，只要切掉根部就可以使用了，無須清洗。

地瓜湯

去鹿兒島拜訪時，和當地的阿姨們交流，一邊喝她們煮的地瓜湯一邊閒聊。「炸甜不辣（さつま揚げ satsuma-age）在鹿兒島不叫さつまあげ而是叫つけあげ（tsuke-age），語源來自沖繩的『チキアゲ（chiki-age）』，就是炸魚漿的意思。」順帶一提，地瓜在鹿兒島也不叫「さつま芋（satsuma-imo）」，而是叫「から芋（kara-imo）」*。於是我問：「那地瓜湯（さつま汁）在鹿兒島怎麼說呢？」阿姨們回答：「應該還是叫さつま汁喔，放雞肉的才叫さつま汁，放豬肉就變成豬肉湯（豚汁）了」。據說只有在招待客人或喜慶節日時，才會煮放雞肉的湯。原來雞肉味噌湯在鹿兒島是一種非日常美食呢。另外，鹿兒島一般使用帶甜味的麥味噌。

材料

雞腿肉、地瓜、白蘿蔔、胡蘿蔔、青蔥、基底味噌湯（小魚乾、水、麥味噌）

作法

用菜刀的刀跟敲打雞腿肉（兩面都要敲）並劃上幾刀，切成一口大小再煮，雞肉口感就會很軟嫩。

鍋中放入小魚乾和水、雞肉、蔬菜加熱，溶入味噌再煮到入味。

請不要用太大的火。在地瓜等食材煮熟前，先用中小火慢慢熬煮。最後撒上青蔥花。

烹調時的重點

- 雖然有放雞肉就夠了，但還是一如往常在基底味噌湯裡加了小魚乾。有些拉麵店熬湯頭時也會用魚介類湯頭加雞骨高湯，相乘效果讓煮出的湯頭更加美味。

*さつま漢字寫為「薩摩」，江戶時代鹿兒島一帶又稱薩摩。

手打烏龍麵湯

手打烏龍麵湯，是以手打烏龍麵聞名的香川縣人常吃的味噌烏龍麵。我祖母生養了十個孩子（家父排行最小），每天早上都親自揉麵團做手打烏龍麵。因爲只要一口爐就能煮一鍋，聽說他們每天早餐都吃手打烏龍麵湯。生麵條表面附著許多麵粉，溶入湯汁裡就成了勾芡般的濃稠口感，天冷時吃起來特別美味。

光這一道料理，就是豪華的一湯一菜了。

材料（約４人份）

生烏龍麵 400g、雞腿肉 120g、油豆腐皮１片、白蘿蔔 100g、胡蘿蔔50ｇ、里芋 100g、青蔥１支、小魚乾25ｇ、水８杯、赤味噌60～70ｇ、七味辣椒粉或黑七味粉適量

作法

由於手打烏龍麵意外得花不少時間才煮得熟，搭配的蔬菜如白蘿蔔、胡蘿蔔、里芋等最好切得厚一點。鍋中放入多一點的水和小魚乾，熬成高湯後，用漏杓舀出小魚乾。將油豆腐皮、烏龍麵和青蔥以外的蔬菜放入鍋中，煮滾即可溶入味噌。繼續煮約10分鐘使味噌入味，最後撒些青蔥段。

山藥湯

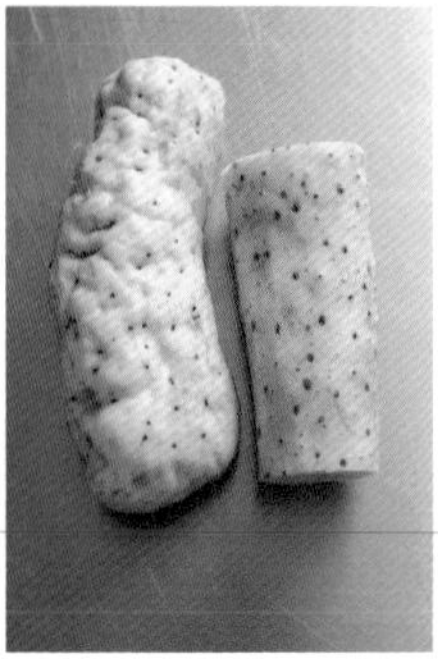

人家送了我秋天山裡挖到的天然山藥（自然薯），就拿來做了這碗山藥湯。沒有想到超乎預料的好吃，眞是太感謝了。至於是什麼味道，實在難以用言語形容。我想，那就是讓人發出「怎麼會這麼好吃」讚嘆的自然生命力吧。這種美味是一生難以忘懷的滋味，和高級霜降肉或壽司完全是不一樣的東西，世界上也有這種美味。

材料

山藥、基底味噌湯（昆布、水、赤味噌）、大麥飯

作法

因爲是喜慶節日吃的料理，山藥的皮要削乾淨，用磨泥板磨出潔白的山藥泥，放入研磨缽。日本人在喜慶節日吃全白的食物有其寓意，象徵神聖潔淨。放入研磨缽再繼續磨，除了追求綿柔口感外，搗入空氣可讓山藥泥變膨起來，顏色也會更白。接著加入事先準備好的「基底味噌湯」，調整濃稠度，使其可滑順地淋在大麥飯上。

烹調時的重點

・山藥依種類及個體差異，每一條的水分含量都不太一樣，加入味噌湯的分量也隨之不同。盛在大麥飯上時如果太稀就會流掉，太乾又會過硬，無法與大麥飯順利融合。或許可以先調一些放在飯上試吃看看，再決定要加多少味噌湯。

・自然薯、佛掌山藥、銀杏山藥、日本山藥……日本全國各地都有美味的山藥。若買到的是人工栽培的山藥，覺得澀味太重的話，可以多放一些白味噌，增加整體的甘甜度。使用濾味噌（可參考 P165）也很好吃。

冬

酒粕湯

酒粕是釀酒時壓榨出的酒糟。有多少種酒，就有多少種酒粕。有一次，我拿到上等吟釀酒的酒粕，顏色白淨得驚人。用偏濃的高湯（小魚乾熬製）沖開酒粕的甘甜與鹹鮭魚的鮮美，加入油豆腐皮、白蘿蔔、里芋、胡蘿蔔和蒟蒻等冬日不可或缺的湯料。酒粕湯裡含有酒精成分，要注意別給小孩子喝太多。我喜歡用白味噌和赤味噌調和味道，白味噌的甜味能壓下酒粕留在喉嚨裡的淡淡苦味。

材料（約4人份）

鹹鮭魚2塊（160g）、白蘿蔔150g、胡蘿蔔90g、蒟蒻150g、里芋3個（230g）、油豆腐皮1片、青蔥2支、小魚乾20g、水6杯、酒粕150g、白味噌100g、赤味噌30g

作法

在大鍋裡放入小魚乾熬的高湯、鹹鮭魚、油豆腐皮、白蘿蔔、胡蘿蔔、蒟蒻、里芋，加熱到水滾，撈掉浮渣。加熱的當中將酒粕撕成小塊，先在一旁用湯汁泡軟。鍋中水滾後，溶入味噌，同時將泡軟的酒粕放進去，煮到食材入味。最後撒上青蔥。

烹調時的重點

・市售鹹鮭魚分成「辛口」與「甘口」，前者鹽分含量較多，但魚肉滋味更鮮美，使用辛口鹹鮭魚絕對比較好吃。最近市面上很少過鹹的鹹鮭魚了，如果買到太鹹的，可以先泡鹽水，藉由滲透壓除去多餘的鹽分。

・酒粕湯很適合配醬油口味的炊飯。

牡蠣味噌湯

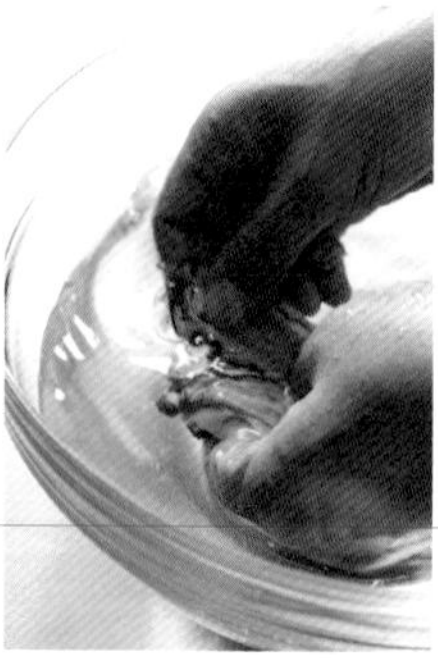

牡蠣是爲人帶來活力的食物，做成味噌湯既簡單又好吃。煮牡蠣最重要的是備料時的處理，只要仔細洗掉牡蠣周圍附著的污物，吃起來就不會有腥臭味。日式料理中有一道「醋牡蠣」，在放入醋與調味料中浸泡前，要先將牡蠣放進白蘿蔔泥裡轉幾圈清洗，這時會發現白蘿蔔泥都變黑了，可見牡蠣周圍附著很多髒東西。雖然不必特地用到蘿蔔泥，還是要用流動的清水清洗牡蠣的皺摺處。

材料

生牡蠣、麵粉（或太白粉）、基底味噌湯（昆布、小魚乾、水、赤高湯味噌）、白蔥、生薑泥

作法

牡蠣清洗乾淨，仔細擦去水分，輕輕裹上一層麵粉。準備「基底味噌湯」，溶入味噌後，將裹上麵粉的牡蠣和白蔥放入湯裡加熱。吃的時候建議搭配生薑泥。

烹調時的重點

・牡蠣裹粉，放入赤高湯味噌湯中加熱。麵粉掉入湯裡，會形成適度的濃稠感。如果不喜歡這種口感的話，就另起一鍋熱水煮好牡蠣再放入基底味噌湯中。

雜把湯（鱈魚頭骨及魚肝熬製的湯）

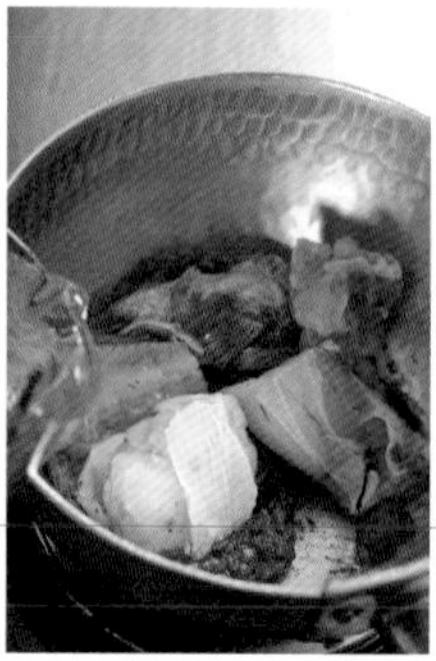

冬天到了，吃鱈魚正當令。天氣冷，魚類也比較容易保持新鮮，因此，冬季是魚最美味的季節。市面上買得到煮鱈魚火鍋或鱈魚湯用的整袋「帶骨鱈魚」。對自己料理手藝很有自信的秋田大叔教我在雜把湯裡加入鱈魚肝。他說要是沒有鱈魚肝，雜把湯就不好喝了，所以要煮雜把湯的日子，一大早就會起床去市場買魚肝。他教我把魚肝和味噌放在鍋裡稍微拌炒一下再煮湯，照著做了之後，果然做出非常美味的雜把湯。

材料（約4人份）

鱈魚粗（魚頭、魚骨等）400g、鱈魚肝60g、鱈魚白子1袋、赤味噌40g、水3杯、生薑汁30g、白蔥適量

作法

用鹽水將魚頭、魚骨等魚粗洗過，拭乾水分。

鍋中放入赤味噌和鱈魚肝，開火稍微翻炒。加入水與魚粗，煮滾後撈掉浮渣，加入生薑汁，再煮10分鐘左右。最後放入切成方便食用大小的白子，煮熟後熄火撒上白蔥花，即可盛入碗中。

烹調時的重點

・鱈魚白子狀似雲朵，在關西地方又稱為「雲子」。如果買到夠新鮮的白子，也可以快速汆燙，瀝乾後蘸柑橘醋吃。

四季豬肉蔬菜湯

隨著季節變換加入家常豬肉蔬菜湯裡的蔬菜，
光是這樣就覺得很開心。
其實味噌也一樣，
某些味噌特別適合某個季節。
每天煮味噌湯的話，
漸漸就會明白喔。

春

材料
豬五花肉、莢果蕨、楤木芽、
基底味噌湯
（小魚乾、水、赤味噌）

夏

材料

豬五花肉、番茄、茄子、
山苦瓜、
基底味噌湯
（小魚乾、水、赤高湯味噌）

秋

材料

豬五花肉、里芋、香菇、
鴻喜菇、金針菇、
基底味噌湯
（小魚乾、水、赤味噌）

冬

材料

豬五花肉、菠菜、
胡蘿蔔、
基底味噌湯
（小魚乾、水、白味噌、赤味噌）

享受不同季節的豬肉蔬菜湯

豬肉蔬菜湯是味噌湯裡的饗宴。我父親土井勝超過五十年前的食譜作法是，先用大火快炒豬肉片，接著加水煮5~6分鐘，放入豆芽菜，溶入赤味噌調味。當時很多食譜都以炒肉為第一步驟。

說起來，日本古代沒有肉類料理，豬肉蔬菜湯這道菜似乎來自中華料理，烹調步驟也和麻婆豆腐類似。這麼一想，日本的肉類料理果然學自中國菜啊。大家熟悉的豬肉蔬菜湯，也以豆芽菜、馬鈴薯、洋蔥和胡蘿蔔為最常見的湯料。

豬肉要用油花多的五花肉，還是瘦肉多的部位（例如腿肉）呢。要從整塊肉上切下較厚的肉片，還是用薄切肉片呢。第一步驟要從炒肉開始嗎？肉要炒到呈金黃焦色為止嗎……就像這樣，一道豬肉蔬菜湯有各種作法，要怎麼煮都行。或許有人會問，哪一種作法最好吃。其實，

每個人都有自己覺得最好吃的作法。口味也從清淡到濃厚，配合自己的喜好，怎麼煮都好。我在豬肉蔬菜湯裡看到了超越喜惡的味噌湯多樣性，不、甚至可以說是無限的可能性。

我自己的豬肉蔬菜湯使用五花肉，取整塊肉切成較厚的肉片。不先用油炒，只煮一人份的話，把水、肉和熟得快的蔬菜一起下鍋，慢慢熬煮。味噌也不拘泥於特定種類，赤味噌、白味噌或豆味噌都能煮出好喝的豬肉蔬菜湯。

春天就用芽菜類（山蔬嫩芽、蘆筍、豆類嫩芽等）。
夏天就用水分多的蔬菜（富含水分的茄子、番茄等）。
秋天就用果實類（秋天是森林的季節，菇類、里芋等）。
冬天就用根莖類（長在地底下的根莖類蔬菜）。
分別用各種當季蔬菜和豬肉組合，這樣就能享受到不同季節的豬肉蔬菜湯了。

秋

冬

年糕湯

年糕湯是喜慶節日的料理。
日本全國各地有各式各樣的年糕湯煮法。
請好好珍惜從以前到現在
自己生活的土地上常吃的年糕湯。
家父老家在四國香川縣高松，
加入白味噌的紅豆年糕湯就是他的家鄉味。
或許有些人聽了覺得驚訝，
現在我已經能為這種作法感到自豪，
過年沒吃紅豆年糕湯，
就覺得新年好像還沒來似的。
所以，每到年底我會自己搗糯米，
製作紅豆年糕。

白味噌年糕湯

說到年糕湯，決定滋味的莫過於「濾味噌」（味噌過濾後保留的清澈醬汁）了。不過，包括京都在內的關西地區，多半煮的是放入圓形年糕的白味噌湯。

［材料］圓形年糕、白蘿蔔、胡蘿蔔、里芋、白味噌（年糕湯專用的「雜煮味噌」）、水（或昆布高湯）、青海苔等

［作法］我家的作法，就只是把白味噌溶入水中，如此而已。光靠白味噌的美味就很足夠。白味噌湯如果加了魚乾熬出的高湯，摻雜了魚味反而不好吃。白蘿蔔、胡蘿蔔及里芋另起一鍋熱水煮到柔軟，吃之前再泡進白味噌湯裡溫熱一下即可。年糕與清水一起放入鍋中，以中火煮到軟。同時加熱白味噌湯。碗裡放入煮軟的年糕和蔬菜，再舀起味噌湯淋上，最後撒青海苔增色。

濾味噌年糕湯

應該不少人是初次耳聞「濾味噌」吧。雖然現在已經很少這麼做了，從前有些地方的人們在喜慶節日煮湯時，並不使用昆布或柴魚乾熬湯，而是拿布巾過濾味噌湯，用過濾出的清澈湯汁當調味料，這就是「濾味噌」。我跟新潟人學到這個作法，現在也很倚重這種調味料。

[材料] 方形年糕、雞腿肉、魚板、鴨兒芹、濾味噌

[作法] 用預先準備好的濾味噌煮雞肉和魚板，將方形年糕烤過後放入，再放一些鴨兒芹點綴，就是一碗美味的年糕湯。年糕湯必須是「白色」湯汁或「清澈」湯汁，這是有其意義的，代表我們的生活在正月時「歸零重整」，懷著純淨的心情迎向新的一年。跟年底大掃除一樣，爲的是帶著乾淨的身心迎向正月的到來。

濾味噌的作法

在沒有昆布或柴魚乾的地區，濾味噌就是喜慶節日的高湯。用兩三條乾淨的綿紗布巾疊在一起過濾味噌湯，就能得到清澈的濾味噌。殘留在紗布巾上的味噌渣拿來配飯也很好吃。

［材料］第二道高湯（二番出汁）1杯：味噌20g

［作法］將第二道高湯煮滾，溶入味噌後，用洗淨擰乾的紗布巾過濾。過濾時不要扭轉布巾，只要等待高湯自然滴下。從前的濾味噌原料只有水和味噌，現在改成用第二道高湯，可多增添一些鮮甜味。

【第二道高湯】（完成的高湯約有4又1／2杯的量）

昆布（10公分見方）一片、柴魚片20g、水5杯一起放入鍋中，以不大於中火的火力加熱。煮滾後撈掉浮渣，再以小火慢熬5～6分鐘。拿起昆布，用紗布巾過濾。

使用濾味噌的食譜可參考 P194 ～ 197

避難所的味噌湯（下）

→接續P124

●「避難所味噌湯」的作法（續）

用卡式瓦斯爐為兩到三個家庭煮約十人份的味噌湯，就能避免前面提到的風險。

●煮十人份的味噌湯，只需要卡式瓦斯爐、一個大鋁鍋（直徑約27公分）、一個湯杓、一把小菜刀，連小孩子都能做。每個家庭召集一位代表來煮就可以了。剛煮好的味噌湯肯定美味。人一動手做菜，就會湧現活力，大家一起喝熱騰騰的味噌湯，也能讓不安的心情沉穩下來。

●味噌湯不要多做，一次最好只煮一次吃完的分量。剛煮好的食物對身體絕對比較好。事先做好放置的食物或吃剩的食物多少都會氧化，流失營養價值，外觀也不好看。味噌湯只要燒水，是最不麻煩的料理，原則上每次吃之前再煮就好。

只需要準備卡式瓦斯爐、大鍋子和湯杓。

第五章
味噌料理、特別的味噌湯

光 味噌在亞洲各國使用得很普遍呢。

善 在日本，雖然最常拿來煮味噌湯，味噌其實用途廣泛。

光 從食譜裡也能看出，味噌和辣味食物很搭。

善 因為味噌能在辣中製造醇厚的滋味嘛。不過味噌和甜味食物也很搭喔。

光 比起買市面上現成的燒肉醬，我更喜歡自製以味噌為基底的醬料。

善 拜味噌之賜，不用擔心攝取太多熱量，又能吃到充分鮮甜的食物美味。

味噌飯糰

像是運動過後，
這種大人小孩肚子都餓了的時候，
趕緊煮一鍋飯，
捏成這樣小小的飯糰。
招呼著「先洗好手的人先來拿去吃」。
不管是小孩或是大人，
都說從來沒吃過這麼好吃的飯糰，
直到很久以後，
一定還會記得這份美味。

味噌飯糰

[材料] 剛起鍋的白飯、赤味噌

[作法] 洗乾淨的紗布巾用力擰乾，包住熱騰騰的白飯，緊捏成乒乓球大小。將捏好的飯糰並排在竹簍上。每顆飯糰上各放一點味噌就完成了。

烤味噌飯糰

[材料] 剛起鍋的白飯、赤味噌、酒

[作法] 洗乾淨的紗布巾用力擰乾，放上熱騰騰的白飯（不要放太多鹽）捏成飯糰。捏好的飯糰在竹簍上放涼。

用日本酒將味噌調成柔軟泥狀。

用烤盤稍微烤一下飯糰，刷上味噌醬後再繼續烤。烤一下、刷一次味噌醬。如此反覆數次。

油味噌茄子

夏天的茄子。切成圓片狀，
放在鍋中不要一直翻動，
先以半煎半炒的方式加熱。
加入砂糖和味噌（赤味噌或赤高湯味噌）
調味後，翻炒一下讓味道入味，
待茄子變軟，
再加入很多青紫蘇就完成了。

味噌煮鯖魚

手邊若有新鮮鯖魚，請務必試試這道菜。
請記住，味噌煮鯖魚的作法是先用酒、水、砂糖和味醂混合而成的煮汁，
將鯖魚煮熟後，
再溶入味噌繼續熬煮到湯汁收乾。
生薑可以抵銷鯖魚的魚腥味。

油味噌茄子

材料（方便一次煮的分量）

茄子4～5根（400g）、青紫蘇20～30片、紅辣椒1條、赤味噌30g、砂糖2大匙、水3大匙、油3～4大匙

作法

① 茄子切成1公分厚的圓片狀，泡冷水去澀。青紫蘇先洗乾淨備用。紅辣椒剔除種籽，切成2～3等分。

② 鍋中熱油，放入紅辣椒和茄子煎炒，煎至茄子表面微微金黃焦香。

③ 加入赤味噌和砂糖，茄子生的水如果不夠多，就加入水（3大匙左右）繼續翻炒。

④ 擦乾青紫蘇上的水分，撕成小片加入鍋中攪拌一下。

味噌煮鯖魚

材料（2人份）

鯖魚2塊（每塊約100g）、生薑20g、煮汁（水1杯、酒1／2杯、砂糖1又1／2大匙、味醂1又1／2大匙、赤味噌30g、白味噌30g）

作法

① 輕輕拍打生薑後，切成圓片狀。

② 鍋中放入水、酒、砂糖和味醂，加熱到稍微沸騰，放入鯖魚和生薑繼續煮。途中攪拌煮汁，放下落蓋再煮5～6分鐘，把鯖魚煮熟。

③ 鍋中溶入味噌，放下落蓋再煮7～8分鐘，讓鯖魚裹滿濃稠煮汁再裝盤。

◉ 溶入味噌前鯖魚一定要先煮熟。因爲加入味噌後，煮汁就不容易加熱了。要是鯖魚沒完全熟，吃起來會有魚腥味。

蔬菜棒佐蒜頭味噌

蒜頭味噌容易保存，
能做成嘗味噌、田樂味噌、味噌肉醬等，
各種料理都派得上用場。
像這種需要好好加熱的味噌，
請使用以傳統方式製造，
品質良好的味噌。
因為加了高湯等
其他調味料或添加物的味噌品質不安定，
做不出美味的蒜頭味噌。

材料（方便一次製作的分量）

蒜頭40g、赤高湯味噌150g、砂糖5大匙、酒1／2杯、蛋黃2顆、喜歡的蔬菜適量

作法

①蒜頭剝皮，磨碎。

②在鍋中放入蒜頭、赤高湯味噌、砂糖和酒，以小火加熱，一邊攪拌一邊熬煮，等待收汁。熄火後，加入蛋黃以餘溫加熱就完成了。

③將②的蒜頭味噌裝進容器，和蔬菜棒一起上桌蘸著吃。

【蔬菜棒】芹菜、小黃瓜、甜椒（紅與黃）、胡蘿蔔、櫻桃蘿蔔、青蔥等，切成方便拿取食用的條狀。

章魚小黃瓜佐醋味噌

蔥味噌年糕

茄子田樂燒

三種自製調味料

配年糕吃的蔥味噌是赤味噌。
茄子田樂燒的味噌是赤高湯味噌。
配章魚小黃瓜吃的醋味噌用白味噌製作。
感覺每種味噌都和食材搭配得剛剛好呢……
這些都是日本傳統的料理。

章魚小黃瓜佐醋味噌

任何味噌只要加了醋就是醋味噌。這裡用的是天然甜味重的白味噌，直接加醋就行。但若用的是赤味噌或豆味噌，味道則會有點鹹，請再放一點砂糖。

材料（2～3人份）

小黃瓜2條、水煮章魚100g、白味噌30g、1大匙醋、生薑泥適量

作法

① 小黃瓜切薄片，撒鹽後放一會兒，待出水變軟，就用紗布巾把水分擠乾。
② 章魚用醋（材料分量外）洗過後斜切薄片。
③ 白味噌與醋混合，做成醋味噌。
④ 在盤子裡分別放上小黃瓜與章魚，上面再放醋味噌，旁邊添加一點生薑泥。

茄子田樂燒

一邊油煎茄子也能一邊輕鬆製作的田樂味噌。

材料（2人份）

茄子3條、油2大匙、田樂味噌適量、罌粟籽適量（稍微炒過）

【田樂味噌】（方便一次製作的分量）

赤高湯味噌80g、砂糖2大匙、酒3大匙

作法

① 茄子對半切開，泡水除澀後，用叉子在表面戳洞。
② 平底鍋中放油，放入茄子以中火煎烤兩面至金黃焦香。
③ 烤茄子的同時，將田樂味噌的材料放入小鍋，以中到小火攪拌加熱，直到煮滾。
④ 在②的茄子上劃幾刀，塗上田樂味噌裝盤，最後撒點罌粟籽。

蔥味噌年糕

將青蔥研磨到綿密柔滑，和味噌充分混合，能保存更久。

材料（方便一次製作的分量）

青蔥 120g、赤味噌50g、砂糖1大匙、方形年糕適量

作法

① 青蔥切成蔥花。
② 在研磨缽內放入蔥花，搗成柔軟的蔥泥。
③ 加入赤味噌和砂糖，繼續研磨至滑順。
④ 放在煮好的年糕上吃。

雞肉燒烤與味噌醬

味噌已經夠萬能了，
這裡還要將它加以調味，
做成「萬能味噌醬」。
用燒烤盤烤熟的雞肉塗上「味噌醬」後，
再烤一次，做成雞肉串燒。
炒青菜用「味噌醬」調味，
就成了「味噌炒青菜」。
用烤網烤肉再沾「味噌醬」吃，
這裡的味噌醬就是「燒肉醬」了。

味噌醬

材料（完成後分量約 460g）

味噌 200g、蒜頭2瓣（磨泥）、味醂1／2杯、醬油1／3杯、砂糖60g、酒1杯

作法

① 將材料混合，放入鍋中，以中火加熱，煮開後撈掉浮渣。

② 轉小火煮4～5分鐘。

③ 用冰水冷卻鍋底。

◉ 裝進瓶子，放入冰箱冷藏。（大約可保存2週）

雞肉串燒

材料（6支）

雞腿肉1片、味噌醬適量、花椒粉適量

作法

① 雞腿肉切成一口大小，以竹籤串起，放在烤網上燒烤。

② 烤到看起來很美味，肉也都熟了，就塗上味噌醬，繼續烤到飄出香味。隨自己喜好撒上花椒粉。

麻婆豆腐

只要有味噌，不需要特殊調味料，
也能做出相當美味的「麻婆豆腐」。
過去還不太懂料理的時候，
我曾以為麻婆豆腐是「熱炒」料理。
後來當我知道麻婆豆腐
其實是「燉煮」料理之後，
就能做出好吃的麻婆豆腐了。

生菜包豬肉與新牛蒡

將「肉味噌」和「白飯」
一起包在生菜裡吃，
「用生菜包起的料理」就搖身一變
成為「好玩又好吃」的料理了。
推薦給大家。

麻婆豆腐

材料（方便一次製作的分量）

絹豆腐1盒（300g）、豬絞肉100g、白蔥50g、生薑20g、蒜頭1瓣、豆瓣醬1小匙、赤高湯味噌30g、調味料A（砂糖2大匙、酒1/4杯、水2/3杯）、太白粉1大匙（用2大匙水溶開）、花椒粉1~2小匙、粗粒胡椒適量、1又1/2大匙油、1大匙麻油

作法

① 生薑、蒜頭拍扁切碎，青蔥略切碎，豆腐切成骰子方塊。

② 在中華鍋內放入油加熱，炒生薑蒜頭。炒出香味後，下豬絞肉，加入胡椒炒到肉熟，加入豆瓣醬、赤高湯味噌繼續翻炒。

③ 加入豆腐和調味料A，倒入材料中的水，煮滾後，把火轉小（維持煮滾狀態的火候），煮4~5分鐘。

④ 加入蔥，最後倒入用水溶開的太白粉勾芡，以繞圈方式撒下花椒粉、胡椒，滴一圈麻油後即可裝盤。

生菜包豬肉與新牛蒡*

材料（方便一次製作的分量）

萵苣生菜4～5片、
小黃瓜1條、豬絞肉150g、
新牛蒡1支（80g）、韭菜1把（100g）、
油1大匙、赤味噌30g、砂糖2大匙、
白飯適量、檸檬1／2顆

作法

① 生菜一片一片洗乾淨攤開，大片的葉子剪成四等分疊放。小黃瓜削掉部分的皮（有些地方削皮有些地方保留綠色的皮）、垂直切成四等分後斜切成條狀。
② 新牛蒡先斜切成片狀再切絲。韭菜切碎。
③ 在平底鍋中放油，先炒牛蒡，炒軟後下豬絞肉煎炒。
④ 在③中加入赤味噌與砂糖，炒到入味後加入韭菜攪拌，韭菜稍微加熱即可裝盤。生菜葉、小黃瓜、檸檬和白飯用別的容器另外裝。

【享用方法】拿一片生菜葉攤平，放上小黃瓜、④的牛蒡炒絞肉和白飯後包起來。可隨喜好擠檸檬汁搭配。

*四到六月採收的牛蒡，在完全成熟前即採收的緣故，外觀比秋天採收的白且短，口感脆嫩，味道也比較不澀。

肉味噌烏龍麵

肉味噌是可發揮肉口感的味噌炒豬絞肉。
熱騰騰的肉味噌，搭配剛煮好的烏龍麵時，
要將烏龍麵先降溫到常溫，
這就是美味的祕訣。

烏龍麵起鍋後，
沖一下冷水降溫到不冒熱氣的程度就好，
不要放涼，因為太涼的烏龍麵
會讓肉味噌也跟著涼掉，那就不好吃了。
這道料理最重要的，
就是控制烏龍麵與肉味噌的溫度。

燉味噌烏龍麵（名古屋風味）

名古屋位於「豆味噌文化圈」內。
用當地產的豆味噌與白味噌調和，
取得兩種滋味的平衡。
直接在味噌湯內放入生烏龍麵煮，
煮到白色的烏龍麵染上味噌的咖啡色後，
轉小火熬煮，最後打顆生雞蛋，
再稍微煮一下。
使用土鍋的話，即使從爐子上端下來，
餘溫都還能讓湯咕嘟咕嘟地煮上好一陣子。
麵條吃完後，
把白飯加入剩下的味噌湯裡也很好吃。

肉味噌烏龍麵

材料（2～3人份）

豬絞肉200g、蒜頭1瓣、
紅辣椒末1／3小匙、赤高湯味噌80g、
酒5大匙、油2大匙、
烏龍麵（稻庭烏龍麵之類的乾麵）200～300g、
青蔥適量

作法

① 蒜頭拍扁切碎。青蔥斜斜切絲。
② 鍋中放油、下蒜頭爆香後加入絞肉和辣椒，全體炒到顏色改變後，放入味噌繼續炒，最後加酒攪拌均勻後熄火。
③ 烏龍麵放入熱水中，按照包裝指示的時間煮麵。煮熟後沖水降溫，裝入容器。
④ 在麵上放②的肉味噌，撒上青蔥絲。

燉味噌烏龍麵（名古屋風味）

材料（方便一次製作的分量）

雞腿肉50g、白蔥20g、油豆腐皮1／2片、水2杯、小魚乾2條、白味噌30～40g、豆味噌30g、烏龍麵1球、蛋1顆、芹菜1／4把

作法

①雞肉切成方便食用的大小，蔥斜切為約2公分的蔥段、油豆腐皮切成短條狀、芹菜切成方便食用的長度。

②在土鍋裡放入水、小魚乾和油豆腐皮，開火加熱，煮滾後溶入白味噌與豆味噌，再把烏龍麵、雞肉及蔥也放入鍋中。

③煮滾後撈掉浮渣，打蛋入鍋，熬煮3～4分鐘。起鍋後再放上芹菜。

辛奇鍋

以白味噌為基底，
口味高雅的京都風辛奇鍋。
白味噌甘甜的美味，
與辛奇帶酸的辣味非常搭。
為了分別突顯辛奇與白味噌的美味，
辛奇另外用一個盤子裝，
吃的時候每個人夾自己要吃的量加入鍋中，
一邊讓食材味道融合一邊享用。
海帶芽也是一樣另外裝。

材料（2人份）

豬五花肉（薄切）50g、雞腿肉100g、
鱈魚1塊（80g）、白菜60g、油豆腐皮1片、
白蔥1／2根、海帶芽（已泡軟）40g、
辛奇150g、水2杯、白味噌100g、
方形年糕2塊

◉ 可隨自己喜好加入鱈魚白子（用筷子切成方便食用的大小）

作法

① 豬五花肉切成方便食用的大小。雞腿肉、鱈魚肉切成一口大小。白菜切成3公分左右，油豆腐皮切短條狀。蔥斜切小段。海帶芽切成5公分長。辛奇用剪刀剪成小塊，吃的時候能更快與其他湯料的味道融合。

② 鍋中裝水，溶入白味噌攪拌開。

③ 從最不容易煮熟的食材開始依序下鍋煮。

④ 辛奇和海帶芽另外裝盤端上桌，吃的時候夾自己要吃的分量放入鍋中，搭配湯料一起吃。

味噌拉麵

用帶骨雞腿肉與小魚乾熬煮高湯，
就能輕鬆做出拉麵湯底。
美味的湯底加上赤味噌、白味噌、
醬油、蒜頭等調味。
帶骨雞腿肉也能直接當拉麵配料。

帶骨雞腿肉熬湯底

材料（完成的湯約6杯）

帶骨雞腿肉2根（600g）
小魚乾7～8條（10g）、水10杯

作法

①雞腿肉切除油脂，關節處切成兩半，沿著骨頭將肉劃開幾刀。

②將所有材料放入鍋中，煮滾後撈去浮渣，轉小火熬煮50分鐘（中間浮上的浮渣也要撈掉）。

③從爐上端開，直接放涼使用（剩下的湯撈掉小魚乾後，可以和煮好的雞肉一起放冰箱冷藏）。

味噌拉麵

材料（2人份）

煮好的雞腿半根（從前述湯裡取出的雞肉）、
中華生麵2球、麻油1大匙、蒜頭1瓣、
赤味噌30g、醬油1大匙、酒1大匙、
白胡椒適量、帶骨雞腿肉熬的湯頭3杯、
白味噌50g、水煮豆芽菜適量、奶油適量

作法

①撕下雞肉備用。蒜頭拍扁略切小塊，拍掉麵條上的麵粉。

②中華鍋裡放入麻油與蒜頭炒雞肉。

③炒到雞肉呈金黃色即可加入赤味噌，繼續放著煎炒。加入醬油、酒和白胡椒，湯煮滾後，溶入白味噌。

④另起一煮麵鍋，鍋中裝清水煮沸，放入麵條。

⑤先在溫熱過的拉麵碗中放入少許湯底，加入煮好的麵條，剩下的湯底再倒入。放上雞肉、水煮豆芽菜，添一小塊奶油。

鯛魚茶泡飯

澆湯飯

年糕湯鍋

用「濾味噌」做的三道美食

介紹年糕湯時提到的濾味噌（P164），
現在成為我的得力助手，
經常用在各種料理上。
要是手邊有美味的生魚片，
就搭配熱騰騰的濾味噌，
做個鯛魚茶泡飯。
想袪除夏天的暑氣，
那就用冰過的濾味噌做澆湯飯。
若是想熱熱地吃，那就煮火鍋吧。
年糕湯鍋是我家正月時最期待的什錦火鍋。

鯛魚茶泡飯

材料（方便一次煮的分量）

濾味噌（作法請參考 P165）1杯、生魚片（白肉魚70g）、赤味噌10g、白飯適量、生薑泥適量

作法

① 生魚片切塊，均勻裹上味噌醬。
② 將①放在溫熱白飯上，淋上熱熱的濾味噌，添一點生薑泥。

年糕湯鍋

材料（土鍋內直徑24公分，2人份）

濾味噌（以第二道高湯1杯：味噌15g的比例濾成）4杯、雞腿肉100g、豬五花肉80g、烤穴子魚2條、明蝦2隻、鮮蛤2顆、白菜300g、豌豆莢30g、油豆腐皮1片、金時胡蘿蔔適量、方形年糕4塊、檸檬隨意

作法

① 雞腿肉、豬五花肉切成方便食用的大小。烤穴子魚切成四等分。明蝦挑掉泥腸、鮮蛤洗乾淨。白菜切成4～5公分長、菜梗切細。豌豆莢先煮熟沖涼。油豆腐皮切成短條狀。金時胡蘿蔔用模型壓成梅花瓣狀，稍微汆燙。年糕對半切。
② 在鍋中放入所有食材與濾味噌，開火加熱。
③ 一邊煮一邊撈掉浮渣，已煮熟的食材可先和湯一起舀到個人碗中，喜歡檸檬汁的人也可以擠一點。

澆湯飯

材料（3～4人份）

濾味噌（作法請參考P165）：3杯

蛋皮：打1顆蛋，加入少許鹽，用平底鍋煎成圓形蛋皮再切絲。

茗荷：1株，切絲後泡水。

小黃瓜：1條，斜切薄片。

炒木耳（方便一次煮的分量）：乾燥木耳10g，泡水恢復柔軟，切細條後以1／4杯酒和1大匙醬油炒熟。

雞里肌（方便一次煮的分量）：雞里肌肉4條、水1又1／2杯、酒3大匙、鹽1／2小匙。

作法

① 鍋中放水、酒與鹽，煮滾後放入雞里肌肉，再度煮滾後熄火撈出放涼。撕成雞肉絲備用。

② 裝一碗白飯，放上各種配料，淋上冰過的濾味噌，即可享用。

一切就從自己做給自己吃開始

土井善晴

生活所需最低限度的用具

開始新生活時，重要的是「自己想過怎樣的生活」。這也將成為今後人生的基礎，發展為今後人生的樣貌。配合這即將成為自己人生基礎的新生活方式，備齊生活所需最低限度的用具，就成為很重要的一件事。如果想專注於工作或學業，我建議可嘗試「一湯一菜」的生活樣式。以味噌湯（同時也是配菜）為中心，搭配飯、麵或麵包等主食。

為了不破壞自己的生活節奏，最好可以什麼都不想地將飯菜做好，又能扎扎實實攝取到養分。做菜是讓手腦自動相連的一種訓練，又能從中感受到四季的變化。最重要的是，每天重複做一樣的事，感受性便能鍛鍊得很敏銳。另外，對食物的講究，到最後一定會歸結於美感的問題。愈重視食物，就愈能培養美感。慢慢感受到原先感受不到的東西，看到過去看不到的事物。所謂的正確答案，始終都是美麗的東西。就連數學也是如此。只要過著重視自己的生活，這就是最符合邏輯的生活方式。請對味噌湯有信心。

為此，需要的用具只有鍋子、湯杓、菜刀、飯碗、湯碗、小盤子、筷子、托盤（以及瓦斯爐和冰箱），就這麼簡單。

即使只是一個人住，也要選用材質厚實的鍋子。除了耐用（甚至可以用一輩子）之外，鍋子厚實的好處是放大熱能，溫和對待食材。太薄的小鍋子不只容易傷害食材，導致味道不好，對身體也不好。

使用托盤，為的是區分托盤內側與外側。托盤內側是用來放置料理的潔淨領域。如果一家人圍著餐桌吃飯，餐桌的作用就跟托盤一樣。在乾淨的托盤（餐桌）上擺放整齊的餐點，吃起東西來心情都不一樣了。

至於容器，只要有飯碗、湯碗和盤子，就能實踐一湯一菜。市面上也可買到將三或四個碗疊起來收在一個盒子內的套裝餐具。達到如禪宗僧侶般簡潔的收納生活。

吃和食時，裝飯的飯碗最大，其次是湯碗。現代人白飯吃得愈來愈少，市售的飯碗尺寸也愈做愈小了。在實踐一湯一菜的時候，不妨像從前那樣裝一大碗飯，除了好好攝取碳水化合物，視覺上也有飽足的效果。

飯碗放在左手邊，味噌湯放在右手邊，菜盤（分裝菜的小盤子）靠外側放，筷子靠內側的手邊橫放。有沒有筷架都無所謂。沒有筷架的話，把筷子擱在托盤邊緣也就可以了（如果還有托盤內放不下的其他配菜，就先放在托盤外，吃的時候再移至托盤內）。

準備一套固定的飯碗和湯碗，每次用餐時只要換個盤子，餐桌上的視覺就有了變化。自己中意的盤子會展現它的美。配合季節、節日、生活中的大小事及自己的美感，替換最外側裝配菜的盤子，為每次用餐營造出不同的情調。

料理這件事

會拿起這本書看的人，應該都是「打算來做菜」或「想做料理」的人吧。

現在外面想吃什麼都買得到現成的，或許很多人認為「不會做菜也沒關係」。可是我想，大多數人應該也都知道，都明白「自己做菜還是比較好」。

「現在誰還做那種事啊」「用買的就好啦」「不用這麼努力沒關係啦」……像這樣，身邊會有很多人好心這麼說。可是，大家其實也都知道「稍微努力一下比較好」。這個社會總是這樣扯著我們的後腿，對我們發出誘惑。

我試著想了一下，為什麼「會做菜比較好呢」？

年輕的時候，周遭的人都會鼓勵你「加油、努力」，長大成人後，自己也會心想「要加油，要努力」。可是，到底該加什麼油？要努力什麼呢？這真是個難回答的問題。努力學習、努力鍛鍊身體、努力閱讀、努力減肥……每一件都是特別的事，當忙到沒有那個心情的時候，往往什麼都無法努力。

做個偉大的人，做個了不起的人。我們小時候常被這麼說，現在也還這麼說嗎？只是，從來沒人教我們到底要怎麼做才會偉大，才會變得了不起。聽到的只有「你什麼都不用想，照我（前輩）說的做就對了」「你只要乖乖讀書就對了」。

在成為什麼之前，或做任何工作的時候，一定都有其最好的做法與教育方法，但是首先，如果沒有先累積足夠的學問，打造出一個基礎來是不行的。有了這個基礎，讓自己站在上面，才發展得出各種未來。

這個基礎就是人類的根本。當自己內在已經有了基礎，那就代表你已經脫胎換骨了。基礎是不會動搖的東西，也沒有任何人能奪走。

我現在非常擔心地球的將來，一直在思考，自己的工作能為地球做出什麼貢獻。所以，我想在這裡跟大家聊聊這個。

人類必須要自由，才會充滿活力。受到拘束、受人指示、做什麼都被強迫的話，那就一點都不會開心。

自由雖然伴隨著責任，但所謂自由，就是「能自己做出判斷」。不受別人決定，自己判斷「是非好壞」，做出決定，化為行動。

此外，在自然形成的事物及周遭事物中，能靠自己從中找出美好的事物，感受到其中的美好，也是出於自己的判斷。

大規模的事情先不說，一開始只要在自己身邊的小事物中找尋就好。慢慢的，這樣的行動也將演變為「自己守護自己的生命」。察覺什麼東西對自己是美好的，就等於明白什麼東西對自己是不好的。

靠自己明白什麼，就是一種判斷，也是一種自立。得先能自立，才能擁有自由。不自立的話，自己什麼都無法決定。

從小事開始，大事也會漸漸看得愈來愈清楚。為此，我們每天都要重視最近在身邊的小事，也就是「飲食」這件事。

換句話說，「自己做給自己吃」。一切都從這裡開始。

自己做自己吃的東西，這就是自立的第一步。料理這件事，具有不可思議的力量。人們常說「料理就是愛」，自己料理給自己吃，就是愛自己，守護自己。做菜給家人吃，能成為守護家人的力量。料理，是孕育生命的力量。

智商再高的大猩猩也不會做菜

大猩猩是大自然的一部分。說來理所當然，人類也是大自然的一部分。對動物來說，吃東西和消化是一件耗費能量的事。

人類則是「會做菜的動物」。人類做菜的意義，在於合理化「體外消化」這件事。動物會咬碎生食吞下肚，靠胃液溶解、殺菌，靠腸子吸收營養，最後排泄。人類咬不動堅硬的肉，取而代之的是用菜刀將食物切成方便食用的大小。炊煮食物以分解蛋白質，這麼做就不用單純靠胃部消化了。烹煮食物時破壞食物纖維，方便咀嚼，並在食物吃進肚子裡之前先殺菌。

做菜，是脆弱的人類為了在艱困的自然環境中生存而想出的策略。使用雙手，使用工具，使用火，找出「把吃不了的東西變成食物」的技術，也就是做菜。

只要用火，黑夜也會變光明，寒冬也能擁有溫暖，還能驅趕害怕火光的動物，使牠們不敢靠近。有火就能做出美味佳餚。因為火守護了人類，看著火的時候，總讓人感到心安。

自從發現做菜這個行為之後，人類開始懂得用火與運用大自然中的產物，將腦中想像的東西做出來。

代替雙手的工具。強力的機械。快速的機械。人類開始製作各種東西，詞彙增加，語言愈來愈複雜。將腦中的思考寫下來的文字，集結文字而成的書本，用超快速度整理資訊的電腦。與眾人分享喜悅的祭典……當然還有藝術。人們做出了各種東西，而這一切的起點，就是做菜，就是料理。

料理是人類所有創造的起點。

人類的基礎是怎麼形成的

做菜的時候，我們會在大自然或超市裡找尋好的食材，觸摸、嗅聞、傾聽聲音。用雙手和腦袋烹調的這段時間裡，我們思考步驟，思考如何組合不同食材，進而決定菜色。同時，我們也把在這過程中初次獲得的感受及經驗記憶起來。人類所有的創造行為，可以說都包含在做菜這件事之中。

每一次經驗的累積（記憶），不只在大腦裡進行，大部分靠的是全身上下的神經。就像運動選手擊球或踢球的技術愈來愈好一樣，一件事從不會到會，從不懂到懂。

這其實就是無限的經驗透過神經記憶穿越時空，在當下這個瞬間對新的刺激做出反應，串連起原有的無限記憶，做出正確反應。

名為反覆體驗的訓練，每一天都在強化我們的記憶力、聯想力與組織力。

做菜的時候，用眼睛觀察食材，聽烹調時的聲音，聽身邊的人的聲音，想著即將吃這道料理的人，嗅聞香氣，用觸覺確認——比方說肉的硬度。串連起視覺和觸覺，整合記憶，完成一張記憶地圖……雖然我不知道這張地圖儲存在體內何處。

驅使與這張記憶地圖相連的萬能感應器（視覺、聽覺、觸覺、嗅覺），已經具備熟練技術的人們就知道大概要怎麼做——只要順著記憶地圖走——看一眼就能預測接下來發生的事，而且是在一瞬之間就能做出這樣的想像。

這樣的預測不需要計量，也無須數字化，人們就知道自己的感覺無誤。一種直覺的確信。

無論是誰，都會有一張從出生至今持續製作中的記憶地圖。這張地圖與各種複雜的思緒、情調、回憶相關，以非常豐富且綿密的方式累積。

拜此之賜，人類能夠事先預測各種狀況，並做好準備。就像我們在日常生活中吃飯的時候，下意識地期待（預測）美味一般。

我們從各種體驗中累積經驗，以此為基礎，學會在這個基礎上做出各種判斷。隨著年齡的增長，有些事光是看一眼就能做出預測。這樣的能力隨時都在進步，是人類一輩子都不會衰退的能力。

此外，就算是不知道結果會如何的事，也能透過預測，做出「好」還是「不好」的判斷。想要做出判斷，就一定要先有「基準」。在做出判斷的人身體裡，擁有許多常數為一的基準。具普通性的正確基準，與地球及大自然相通。建立基準，就等於做好了基礎建設。

最初先從身邊小事開始，漸漸地，複雜的大問題也能做出判斷。科學、哲學等正確的學問會好好地在基礎上累積。無法好好累積的東西，就要去質疑它的正確性。所以，基礎本身非得正確不可。就像蓋房子的時候，梁柱底下的地基最重要。地基就是人類的器度。透過料理，人類才能擁有器度。

家人就是自己，自己就是家人

做菜的（人）和吃的（人）緊緊相繫。所以，吃家裡煮的飯菜，就和自己做菜具有一樣的意義。家人（的事）就是自己（的事）。也就是說，在一個人的生活中，做菜就是為了自己，這樣大家明白了嗎。

男人與女人結合，做菜，生了小孩，一起生活，做菜，一起吃飯，這就是一家人。一個家庭裡誰做菜都好，只要大家一起吃那些菜就好。做菜這件事會成為家庭的基礎，牽繫起家中每個人。在這個基礎上，每個人再建立起各自的基礎。

有料理才成一家人。家人做菜給自己吃，自己做菜給家人吃。因為是一家人，家人就是自己，自己就是家人。透過做菜這件事，家人們才得以成為一家人。料理維繫了全家人。更進一步說，只要建立起誰做菜給誰吃的關係，就誕生了一個新的家庭。

每個家庭都該重視做菜的人。家中最重要的地方，就是做菜的廚房。

一開始也提到過，現在很多家庭似乎不開伙，認為吃的東西用買的就行。雖然這話令人聽了難免落寞，畢竟每個人有自己的想法。都已經是大人了，自己決定好就好。各人有各人的狀況，只要是自己做出的判斷就好。可是，小孩子不一樣。小孩子需要家庭料理。家裡不開伙的小孩子，請自己做菜吧。加油，我支持你們。

做菜來吃很重要，有味噌湯和白飯就夠了，請自己做菜，自己保護自己，自己養育自己吧。

料理與地球

二〇二〇年以來的新冠病毒疫情，過去因人類過剩的欲望造成環境污染、二氧化碳排放等，使地球出現溫室效應，引發如巨型颱風、豪雨等異常氣象，造成洪水、山崩、乾旱等極端型大災難。地球是人類所作所為的第一個受害者。地球這一個巨大的生命正在受苦。人類也是大自然的一部分，因此，我就是地球，地球就是我。人類與地球共存，我想拯救人類唯一能居住的地球，幫助地球就是幫助自己，就算是為了心愛的孩子，我們也該救地球。已經不能再拿每個人有自己的苦衷當藉口了，只要大家都能漸漸有所覺悟，希望就會誕生。

當大毀滅來臨，不可能只有人類逃過一劫。身為區區一個人類，我們能做什麼呢？

曾有一個男人問德蕾莎修女：

「地球上現在發生這些環境問題及戰爭，面對這些人類的危機，我們能做什麼呢？」

德蕾莎修女對那個男人說：

「請快點回家愛你的家人。」

真的，只要每個人類都這麼做，地球上許多問題就能解決了。

做菜的時候，要煮什麼菜，得先看有什麼食材。春、夏、秋、冬，不同季節有不同蔬菜和海鮮。做菜這件事，就是與大自然裡的食材建立關係。我認為做菜是人類在地球上生存的方法。雖然做菜實在是一件太小又太貼近生活的事，卻和最大的地球一起生生不息地循環著。

人類是會做菜的動物。既然生而為人，每個人都應該會做菜。只是一湯一菜的話，誰都做得出來。

稻米與黃豆

現在的日本人，從很久以前就過著與自然和諧共處的生活。

自古以來的自然信仰，與大海另一端傳來的稻作文化融合為一，誕生了日本的和食文化，並發展至今。

種稻、割稻、收成、曬穀。脫穀、從稻穗上取下稻粒。除去稻殼後成為糙米，將糙米碾為白米，用白米炊成米飯。

初夏插秧，秋天收成，以這樣的稻作為中心，以各種祭典劃分季節，人們在這當中互助合作，感謝大自然的賜予。這就是日本人的生活。

稻米炊煮後就成了米飯。米飯上長出的黴菌是為麴菌。麴菌在蒸過的米飯上繁殖，成為米麴。

以前人們會在稻田周圍種植黃豆。稻米和黃豆是一對好搭檔。黃豆就是夏天時吃的毛豆，到秋天成熟後，摘下來曬乾，變成顏色黃中泛白的圓形乾豆子。順帶一提，黃豆炒過再磨成粉，就是蘸年糕或麻糬吃的黃豆粉。

製作味噌的材料是煮過的黃豆、米麴和鹽。這些東西經過發酵和長期熟成，成為了味噌。

在食材已煮熟的鍋中溶入味噌，味噌湯就完成了。事實上，光是在熱水裡溶入味噌也可以稱為味噌湯。

糙米碾成白米時，磨出的粉叫米糠。在米糠中加鹽與水，做成漬床，將蔬菜放入其中發酵，做出來的醃漬品就是糠漬。

日本料理的基本型態「汁飯香」，汁指的就是味噌湯*，飯就是米飯，香就是醃漬食品。汁飯香唸起來很順口吧。這三樣東西都來自稻米與大豆，全都是大自然孕育而成的東西。汁飯香的美味並非來自人類的技術，不是靠人類之力做出的美味食物。

大自然風景每天都在改變。山的景色也好，一朵花也好，因為是自然的事物，怎麼看都看不膩。昨天的味噌和今天的味噌也已經不同，因為味噌是有生命的東西。和大自然一樣，每天不停地變化著。正因每天都不相同，身為自然產物的「汁飯香」才會每天吃也不厭倦。

自然更迭，季節流轉，我們的生活也隨著季節變化。無論多忙碌，只有汁飯香的話就做得出來。即使每天都是一湯一菜（汁飯香），也能從中找出小小的變化。能察覺變化就是一種感受力。在每日平淡的日常生活中，我們就這樣一點一點成長。正因每天都一樣，所以才能察覺變化。

汁飯香已經算是一湯一菜。有多餘心力時，多煮一道菜也是一湯一菜，煮兩道菜就是一湯二菜，煮三道菜就是一湯三菜。

味噌是發酵食品

味噌（赤味噌）由米麴、黃豆和鹽製成。麴菌分解黃豆裡的蛋白質，鹽分幾乎能殺死所有雜菌，提高味噌的保存性。其中，在鹽分作用下依然存活的麴菌及酵母菌等各種菌——還有其他不明菌種——在味噌裡共生，一邊分解蛋白質一邊產生人體所需的各種礦物質和維生素，同時生成人類喜歡的複雜鮮味與香氣。人類肉眼看不見的細菌發揮作用，這就是發酵。之所以說味噌是有生命的東西，是因為裝味噌的容器裡，存在一個不斷變化的自然，甚至可以說是如一個小宇宙般的未知生態系。

現在大家都知道發酵食品的健康效果，尤其味噌更是守護日本人健康的關鍵。日本各地、家家戶戶都有各自珍藏及傳承的味噌。

我們知道，人類透過吃東西這件事與地球產生連結。喝味噌湯這件事，也讓我們與肉眼看不到的菌種產生了連結。

*日文中的「汁」有湯的意思。

人類內在的大自然

各位知道嗎，人體中存在著一個自然。因為在人類的身體裡，有著名為「腸道菌」的別種生物。我們與這些菌類共生。人體腸道內居住的細菌有好幾百種，據說數量多達一百兆個。這些菌依照不同種類形成不同集團，住在我們人體的腸道之中（腸道菌群）。這些細菌從我們吃的食物中獲取養分，活得生氣勃勃，這就是人類內在的大自然。

可是，既然有這麼多的細菌，一定還有許多我們不認識、不了解的菌種。經常聽到的菌像是乳酸菌，大家都知道吃含有許多乳酸菌的優格對身體很好，日本人一定也都聽說過味噌對身體的好處吧。不過，我們已經知道的菌種還只是極少數。內在大自然會隨著環境不斷改變，這裡的環境指的是地球的環境。人類從外部帶往內在的也是環境。陽光、空氣和水就是如此，而帶給人類內在大自然最大影響的環境，就是食物。人類的消化器官與外在的世界相通，所以腸胃不只存在體內，也會和皮膚一樣與體外接觸。

我們人類屬於大自然的一部分，每個人都不一樣，隨著年齡增長，細胞和肌肉不斷改變，吃的東西也會改變。這麼一來，肚子裡面的狀況也會跟著改變。在不斷的改變中，一個又一個的細胞不斷重生，我們才能活著（到死亡為止）。

傾聽體內的聲音

什麼都不明白，什麼都不懂的時候，不得已只能相信看似有好處的資訊。可是，一知半解的資訊絕不能全盤接受。

那麼該相信什麼才好呢。請相信自己身體的感覺，這就是現實。

「吃」東西重要的不只有好吃與否。食物嚥下肚後，有時覺得身體很舒暢，有時則相反地感到不舒服對吧。所謂的健康，就是好好運動，好好勞動，餓了肚子就吃適度的飯菜，好好睡覺。從吃進嘴巴到排出身體，才算完成了「吃東西」這件事。不只用頭腦思考好壞，也請仔細傾聽自己身體發出的聲音，我認為「感覺」也是很重要的事。

腸道內的細菌不只有對人體發揮正面作用的好菌，也有引發致癌物質或毒素，造成腸道內腐敗的壞菌。有用的好菌與有害的壞菌，以及介於其中不好不壞的菌種，所有的細菌透過微妙的平衡，形成腸道菌群。為了維持身體的健康，重要的是幫助菌種之間達成更良好的平衡。

身體與味噌每天都在變化

年輕時總覺得吃什麼都無所謂。因為年輕人很有活力嘛。食物是自然的東西，所以會產生變化（或劣化）。在腐敗菌的作用下，大部分食物都會在兩三天內腐壞。可是，拜化學技術進步之賜，現在有了很多不會腐壞的食物。為了不使腐敗菌發揮作用，在食物裡添加藥物殺死腐敗菌，或是抑止腐敗菌的增加。這樣的商品（食品）市面上要多少有多少。這些食物具有刺激性或令人上癮的美味，對我們形成誘惑。就算吃下這些東西，仍能保持身體的活力，是因為還年輕，身強體壯的關係。可是，要是一直都只吃這些東西，身體可能會堆積太多人體無法消化的毒素，原本好壞均衡的腸內細菌世界（腸道菌群）就會變成壞菌蔓延的世界。不知為何有氣無力、提不起勁、心情不好、暴躁易怒……這些不明原因的毛病說不定都會跑出來。

我認為人類肚子裡的狀況和味噌很像。好的味噌散發好的香氣，吃起來美味可口，即使加熱也耐得住刺激，維持穩定的品質。釀味噌的木桶裡，微生菌組成的生態系充滿活力，不斷變化，經過長時間發酵熟成，釀出美味的味噌。

昨天的味噌和今天的味噌不一樣。你昨天的身體也和今天的身體不一樣。

從味噌湯開始思考

熱水裡溶入味噌就是味噌湯。釀造得好的味噌，本身就有足夠的鮮味，做成的味噌湯肯定好喝。雖然可能有點鹹，只要配飯就能解決這個問題了。

順帶一提，味噌放在白飯上也可當作一道配菜，手邊有熱茶的話，還能做成味噌茶泡飯，有鍋子的話，白飯和味噌就能煮成味噌鹹粥。

味噌溶解在熱水裡就是基底味噌湯，接下來可以用符合自己目的的方法，加入想要的（或組合過的）食材，進一步做成有湯料的味噌湯。這些都可以自己發揮創意。

再重複一次，若想讓味噌湯具備配菜的要素，也就是想煮出「油香」「醇厚」的味噌湯的話，可以先將湯料用植物油炒過，或是直接放入能熬出高湯的食材（香菇、油豆腐、培根、帶油脂的肉、魚……）。

另一方面，如果只想好好品嚐味噌湯的味道，就用昆布或小魚乾加水熬出高湯，溶入味噌即可。

就像這樣，在不同時刻或不同狀況下，味噌湯也呈現出各種不同面貌。

只要各位在腦中描繪得出各種味噌湯的樣貌，就能配合當下的情境做出想要的味噌湯。將腦中浮現的想像化為現實，原本就是人類的強項。

請試著想像，自己將來想成為什麼樣的人。雖然把味噌湯和自己的人生混為一談好像也不太對，總之我想表達的是，只要去想像將來，實現的機率就會大大提升。想像能將預測與現實連繫起來，使預測的內容更容易實現。這是在心理學上已經過證實的機制，又稱為「自我實現預言」。

一個湯碗裡的味噌湯世界雖然非常小，其中卻有無限的變化與可能。這就稱為「有限之無限」。在味噌湯上下工夫做變化也是一種創作。經驗的累積就是訓練。

說得嚴格一點，不可能做出第二碗同樣的味噌湯。

味噌湯的美味並非出於人類之手，而是自然的產物。

做味噌湯就是做菜。再強調一次，一湯一菜不是偷懶料理。日本的飲食文化……人類與大自然共處的智慧……這就是料理的開端。

開始做菜後，包括煮味噌湯在內，一次又一次反覆「基礎的烹調」，慢慢就會懂得如何烹調，做出各式各樣的料理。從「蔬菜先炒過，加水，煮開後溶入味噌」而成的味噌湯開始，下一步就是學會如何炒菜。從「鍋中放水煮芋頭，煮熟後溶入味噌」做成的味噌湯開始，慢慢就懂得如何收乾醬汁，做成味噌燉芋頭，進而學會燉煮各種食物。烹飪就是這麼回事。

與其在短期間內學會做各種料理，我認為慢慢地將每道菜做好更加可貴。

曾有人問我，累到沒力氣做菜時怎麼辦呢。這種時候，就早點去睡吧。重要的是先撫平疲憊的身心。沒有人會因此責怪你，也不用感到可恥或受傷，大家都是這樣的。

也有些人難過得什麼都不想吃，吃不下。這種時候，請試著自己用蔬菜煮一碗味噌湯，這碗湯裡沒有任何會傷害你的東西。

請習慣做菜。沒有誰是一開始就會的。大家都是看著別人做菜的樣子學習、模仿，這樣就好。仔細看清楚，你一定也學得會。

試著一個人做菜。希望大家都能活用做菜時的經驗，漸漸學會各種技能。做菜就是自立，自立之後才有自由，到那時候，就請好好享受自己的人生。然後，請做菜給喜歡的人吃。你已經具有讓那個人幸福的能力了，那就是愛。

後記

土井光

從法國回日本，在父親的事務所工作已經三年了，這是第一次和父親一起出書。

或許因為我是「寬鬆世代」*，心臟特別大顆，就這樣大膽地來參加這個企畫了。但是，總覺得父親好像有點擔心。編輯部的各位以及味噌健康製作委員會的大家，真的非常謝謝你們找我一起共襄盛舉。因為是一本講味噌湯的書，與其說書中收錄了父親與我的食譜，或許更該說是將「好吃的東西研究所」（土井善晴事務所）所有工作人員及我們的家人每天過的生活統整為這本書了吧。這麼說比較確實。

最近已經很少出食譜書的父親，在二〇一六年時提出了「一湯一菜就足夠」的觀念。首先煮飯，然後做味噌湯。很簡單的回歸原點觀念，我覺得深深打動了曾與眾多食譜及菜色搏鬥的世代。

不過，平成世代的搏鬥又是不一樣的感覺。我們這個世代的人，不排斥使用冷凍食品或即食品，也常仰賴外送或宅配食品的幫助。這本書除了可以幫助想不出該煮什麼好的人或覺得做菜很麻煩的人之外，從另一個觀點來看，也提供了健康與安全。

能在短時間內做出美味料理的資訊多不勝數，可是，營養價值高又簡單的料理是什麼？一定有很多年輕人抱持這個疑問吧。住在都市裡的人，很難從食材中感受到季節性，面對社群網路上數不清的料理與健康資訊，一定感覺非常混亂。即使想模仿喜歡的明星或網紅提倡的飲食生活，結果不但花錢，還不知為何總是不順利，無法維持長久。

再後來，新冠疫情使自煮的時間增加了。

要吃什麼對身體才會有好處，提高免疫力的飲食生活是什麼……光想這些就累。

正因如此，與其到處尋找健康食品或相關資訊，不如先煮一碗味噌湯吧，這比什麼都簡單。

味噌湯不會令人吃了想大喊「怎麼這麼好吃！」不是那種具有強烈美味的食物。只是，味噌是唯一能每天持續煮，又能做出各種變化，且無論身體處於任何狀況都至少吃得下的食物。

「日本的味噌是最強的調味料」，只要二十世代、三十世代的人能自豪地這麼想，抱著「有味噌就有辦法活下去！」的心態，光是這樣，日本就能朝強大豐饒的國家邁進一步。我們也

＊一九八七年後出生，接受學習內容及時間皆大幅減少的「寬鬆教育」成長的一代。

能夠大聲地說：「昭和世代的各位，請別擔心！」

抱著推廣這個想法的心情，我參與了這本書的出版製作。

另外，父親土井善晴和我人生中喝過的味噌湯，大部分都出自家母之手。我打從心底感謝母親。

希望滿載土井家思考的味噌湯，也能為各位貢獻那麼一點小小的力量。